郝燕妮　姜　峰　王　鹏◎著

海湾水体交换与自净能力计算研究与实践

河海大学出版社
HOHAI UNIVERSITY PRESS
·南京·

图书在版编目(CIP)数据

海湾水体交换与自净能力计算研究与实践 / 郝燕妮，姜峰，王鹏著. -- 南京 ：河海大学出版社，2024. 12.
ISBN 978-7-5630-9468-4

Ⅰ. P731.26;X55

中国国家版本馆 CIP 数据核字第 2024C4300J 号

书　　名	海湾水体交换与自净能力计算研究与实践 HAIWAN SHUITI JIAOHUAN YU ZIJING NENGLI JISUAN YANJIU YU SHIJIAN
书　　号	ISBN 978-7-5630-9468-4
责任编辑	张心怡
特约校对	马欣妍
封面设计	张世立
出版发行	河海大学出版社
地　　址	南京市西康路 1 号(邮编:210098)
电　　话	(025)83737852(总编室)　(025)83722833(营销部)
经　　销	江苏省新华发行集团有限公司
排　　版	南京布克文化发展有限公司
印　　刷	广东虎彩云印刷有限公司
开　　本	718 毫米×1000 毫米　1/16
印　　张	9.25
字　　数	170 千字
版　　次	2024 年 12 月第 1 版
印　　次	2024 年 12 月第 1 次印刷
定　　价	74.00 元

前 言

海湾是沿海地区社会经济发展的重要自然资源，海洋经济的快速发展使海洋污染问题日益严峻，海湾水体交换能力与自净能力高低是决定海湾水环境质量优劣的重要因素，对于海洋环境的保护和污染排放的控制至关重要。本书以简单的二维定常流动为例，阐述了水体交换与自净能力的基本概念，采用涡流函数方程，具体地提出了水体交换能力与自净能力的计算方法；提出了三维非定常海域海水交换率及自净率的计算方法，建立了实际三维运动的浅海水体交换及自净能力的计算模型，为实际应用奠定了理论基础；以普兰店湾为例，对海水自净率和交换率的计算分别基于浓度扩散方程和粒子追踪法进行比较和分析，对整治前后的海湾水体交换能力和自净能力进行研究；对普兰店湾海洋溢油污染提出应急对策，为环境承载力较弱的普兰店湾应对环境风险提供相对安全的处理手段。

本书是对海湾水体交换与自净能力探索研究的全面总结，系统阐述了海湾水体交换与自净能力计算方法，构建了三维非定常海湾水体交换与自净能力的计算模型，对于海湾环境综合治理、海湾生态环境保护和整治修复具有重要意义。

全书共分为八章，第一章介绍研究背景、研究内容和技术路线等概况；第二章研究已有计算方法并进行比较和讨论；第三章构建三维非定常海湾水体交换与自净能力计算模型；第四章分析了普兰店湾的资源环境与开发概况；第五章以普兰店湾为例，计算海湾综合整治前水体交换与自净能力；第六章计算普兰店湾综合整治后水体交换与自净能力；第七章基于海湾水体交换与自净能力计算结果，提出普兰店湾溢油污染应急对策与建议；第八章总结实践经验，展望计算方法体系的优化与应用，为海湾综合治理和整治修复提供技术支持。

本书由郝燕妮、姜峰、王鹏根据郝燕妮博士论文框架完善而成。在书稿的撰写过程中，感谢大连海事大学林建国教授、郭平老师、李巍教授和大连大学郭为军教授的指导，感谢国家海洋环境监测中心闫吉顺、黄杰、张盼、赵博等给予的帮助。

本书可为从事海洋生态环境保护及整治修复和海域管理的专业技术人员、其他海洋环境相关领域的研究人员提供参考。书中如有疏漏之处，敬请同行专家和读者不吝指正。

目　录

第一章

绪论

1.1 研究背景与意义

地球表面积大概为 5.1 亿 km^2,其中 70%以上被广阔的海洋所覆盖,陆地面积大约只占 29%。陆地资源的短缺使得人类对陆地过度地开发和利用,世界各国逐渐达成"向海洋要能源"的共识。联合国环境与发展大会于 1992 年在《21 世纪议程》中指出[1]:"海洋是全球生命支持系统的一个基本组成部分,也是一种有助于实现可持续发展的宝贵财富。"20 世纪末期,海洋科学的多学科交叉联动发展使得新的海洋资源不断被发现,引发了全世界范围内以全面开发利用海洋、保护海洋为基本特征的"海洋世纪"的到来。

海洋经济是指开发、利用和保护海洋的各类产业活动,以及与之相关联活动的总和。它主要包括为开发海洋资源和依赖海洋空间而进行的生产活动,以及直接或间接为开发海洋资源及空间的相关服务性产业活动,如海洋渔业、海洋交通运输业、海洋船舶工业、海盐业、海洋油气业、滨海旅游业等,都属于现代海洋经济的范畴。世界四大海洋支柱产业——海洋石油工业、滨海旅游业、现代海洋渔业和海洋交通运输业已经形成,世界范围内的海洋产业发展经历了从资源消耗型到技术、资金密集型的产业结构升级,海洋经济正在并将继续成为全球经济新的增长点,也将成为支撑未来发展的战略空间。

如果刨除岛屿的周长,中国拥有 18 000 多千米的海岸线,居世界第四位,属于典型的海洋国家。依照国际法和《联合国海洋法公约》中的 200 海里专属经济区制度和大陆架制度,中国可拥有约 300 万 km^2 的管辖海域,沿海岛屿 6 500 多个,6 亿多人口居住在沿海省份,沿海地区工农业总产值占全国总产值的 60%左右。中国近海和管辖海域蕴藏着丰富的海洋资源,包括生物资源、油气资源、固体矿物资源、海水资源、海洋能源、海洋旅游资源等。

我国海域辽阔,海洋资源丰富,开发潜力巨大。自中共十八大提出建设海洋强国的战略目标以来,中国推动海洋经济向质量效益型转变,依靠海洋科技发展突破制约海洋发展和保护的瓶颈,统筹兼顾维护国家海洋权益,迈出了从海洋大国向海洋强国转变的稳健步伐。据中国国家海洋局[2]初步核算,2014 年中国海洋生产总值 59 936 亿元(人民币,下同),比上年增长 7.7%,占国内生产总值的 9.4%。海洋第一、第二、第三产业增加值占海洋生产总值的比重分别为 5.4%、45.1%和 49.5%。据测算,2014 年全国涉海就业人员 3 554 万人。从区域上看,2014 年环渤海地区海洋生产总值 22 152 亿元,占全国海洋生产总值的比重为 37.0%,比上年提高了 0.6 个百分点。其次是长江三角洲和珠江三角洲区域。

“十二五”时期是我国海洋经济加快调整优化的关键时期，为了使海洋可持续发展能力进一步增强，海洋资源节约集约利用程度进一步提高，海洋环境恶化趋势得到有效遏制，近岸海域水质总体保持稳定，需要在准确把握海洋经济发展的阶段性特征基础上，坚持陆海统筹，科学规划海洋经济发展，合理开发利用海洋资源，实施可持续发展战略。

随着海洋经济的快速发展，海洋产业在国民经济中所占的比重越来越大，海洋环境问题也日益凸显，海洋环境的污染控制和整治亟待解决。与此同时，河口、海洋工程项目的日益增多，也使得河口、海岸水深及岸边形状发生重大改变，进而影响了周边水域的水动力环境。即使是在环境容量允许的范围内，一旦造成了水体交换能力及自净能力的降低，则势必带来水质恶化、环境受损的结果。

为了保证水域的水质质量，除了对排放源在进入水域前进行处理、限排外，也可利用水体的交换能力与自净能力对其进行控制。域内水通过水体自身的对流运输和稀释扩散等物理自净过程与周围水体混合，与外域水进行交换，使浓度降低，或是通过生化降解等化学自净过程来改善水质。因此，通过研究水体交换特性和自净能力，就可以对整个水域进行环境优化，从而提高水体环境的管理水平。

对于江河、湖泊及海洋等相关水体的环境管理，最终将落实到如下几个方面：

(1) 水体环境质量标准的设定；

(2) 与上述质量标准相对应的水体环境容量的计算；

(3) 与上述环境容量相对应的排污口的设置及排污量的分配。

水域环境标准的制定需考虑该水域及其周边的环境敏感目标等因素进行综合规划，而与环境标准对应的水体环境容量则与水体交换能力和水体自净能力有密不可分的联系，这两种能力是水体环境容量的重要指标。因此，对水体交换能力与水体自净能力的研究在水环境管理方面具有十分重要的意义。另外，在水环境质量评价、水环境预测中往往也会涉及对水体交换能力与水体自净能力的计算。综合而言，水体交换能力与水体自净能力的研究是水环境科学的一个重要课题。

同时，海洋运输业的发展使得人类开始重视对船舶溢油事故的防范，虽然入海污染物的来源很多，但船舶是直接造成海洋污染的重要方面。2013 年我国进口石油 2.8 亿吨，石油对外依存度达 57%，其中绝大多数需通过海上传输，频繁的航线需要使得中国海域很容易成为船舶溢油事故的多发区。虽然海洋可以利用自净能力去处理一部分污染物，但石油对海洋环境造成的污染是很难去除的，石油所含的石油烃会破坏生物细胞膜的正常结构，干扰生物体内酶系的正常代谢，从而破坏生态平衡，促进生物体中的毒性积累，使海洋生物和人类食物中混入芳香族碳氢化合物等致癌物质。由于海洋的自净能力是有限的，因此要在船舶溢油事故发生时采取快速而准确的处理措施。海洋溢油污染的处理主要有物理法、化学法和生物法三种。海洋中发生溢油事故之后，对大部分油品采用围油栏、油污回收船、吸油材料等物理方法进行回收，在油膜较薄的情况下，部分地区会采用消油剂和凝油剂等化学方法对其进行处理。但经过以上处理后，仍然会有相当一部分的原油暴露在海洋环境中。微生物修复是一种安全、可靠、高效且无二次污染[3]的处理技术，现有不少国家都对海洋微生物降解石油烃开展研究工作。

普兰店湾位于辽东半岛西侧，金州西北 20 km 的渤海水域，主要隶属于大连市金普新区的普湾新区。普湾新区地处大连市域几何中心，是构成大连市新市区的三大功能区组团之一，而金普新区是东北三省第一个国家级新区。近年来，随着海岸开发的强度持续增加，普兰店湾海岸资源被不合理的开发利用方式所破坏，海水环境质量逐年恶化，海岸生态系统被人为割裂，自然岸线不断萎缩，居民亲海空间被大大压缩。普兰店湾内的大面积围海养殖行为已经破坏了原始岸滩地形地貌，造成海湾纳潮量急剧减少，湾底泥沙淤积，甚至影响到河流泄洪安全。故政府决定对普兰店湾进行综合整治，该方案的实施力图拓展普兰店湾的海域使用面积，保证上游河流泄洪安全，修复受损的海岸生态系统，提高普兰店湾的海水交换能力。由此进一步有效保护和利用海岸及近岸海域资源，改善海岸环境，提升海岸景观价值，正确处理好普湾新区经济发展与海洋资源环境保护的关系，促进规划区域的社会和谐，保持普兰店湾海岸的健康可持续发展。

普兰店湾以簸箕岛为界，东侧水域狭长拥窄，西侧水域相对较宽。簸箕岛南北两侧分别分布着松木岛港口航运区和三十里堡港口航运区并且在内部湾口簸箕岛西南向还有七顶山港口航运区，三个规模较大的港口航运区使得该区域比较敏感。船舶运营中操作性排放的污染物和潜在的事故性溢油事件的发生是普兰店湾海域容易受污染的重要因素，因此要对该区域的溢油风险提高警惕，要考虑适当、合适的污染应急对策来应对船舶溢油事故的发生。因为溢油事故的发生会给海洋环境带来严重危害，不仅仅会影响海洋生物的生长，也会间接影响人类的健康。而普兰店湾沿岸两侧的主要规划为城镇与工业用海，与人类活动较密切。人体在接触过多的汽油组分后，会引发中枢神经障碍，同时对皮肤黏膜的刺激也很强烈。石油烃中的多环芳烃等难降解的物质对生物体有强致癌性和致畸性，通过食物链进行积累，影响恶劣。因此，要对普兰店湾溢油事故的发生做好防范。石油入海后，随着时间的推移，会逐步消失，除了采取应急措施，依靠的就是海洋的自净能力。入海后的溢油[4]会经历扩散、蒸发、溶解、乳化等一系列复杂的物理、化学变化。这些变化使得一部分油在海面上消失，而另一部分油继续留在海面。在对溢油区域采取围截、回收和处理等有效措施后，还是会有一部分的石油残留。石油降解微生物是以石油烃类化合物为唯一碳源进行生长和繁殖的，因此可以依靠海洋微生物的自身代谢，将石油中对环境有毒、有害的物质转化成可以被环境接受的无机物质。通过海洋微生物有机体的活性破坏石油中有毒、有害大分子的结构，完成生物降解，对遭受溢油污染的海洋环境进行生物修复。

1.2 国内外研究现状

对于水体交换能力与水体自净能力的研究，国内外相关学者进行了大量的工作，从多角度提出了相关概念，并对相应的计算方法以及计算模型进行讨论。自 1972 年 Parker 等[5]提出水交换的概念，将海水交换率定义为涨潮初次流入湾内的外海水量与流入湾内的海水量的比率，柏井诚[6]于 1984 年引入了扩散系数和输送系数后，对于水交换率的计算研究大都基于以上两个概念，都是通过潮周期内现场实测湾口海水的涨、落潮浓度和湾内外海水的平均浓度数据来计算海水的交换率[7-9]。除了水交换率，时间尺度也是体现水体交换能力和水体自净能力的一类参考指标。Bolin 和 Rodhe[10]于 1973 年首次提出了生命值(Age)的概念，即水质点在进入研究水域后所经历的时间。在此基础上，各学者又提出了更新时间(Turn-over time)[11]、半交换时间(Half-life time)[12]等概念，如 Dyer (1973)[13] 提出了冲刷时间(Flushing time)以及 Zimmerman[14] 对 Bolin (1973)关于生命值的定义进行了修改，并提出了驻留时间(Residence time)的概念，即水质点离开研究水域所需要的时间。Takeoka[15]于 1984 年对这些有关于水体交换能力和自净能力的时间尺度概念进行总结和归纳，并提出了剩余函数的定义以计算平均驻留时间(Average residence time)。

基于以上水交换率和时间尺度等概念，对于水体交换能力和自净能力的衡量主要有两种方法，一是实测指示物质浓度法，二是数值模拟法。由于前者是在箱式模型的基础上提出的，即假设湾外海水一旦流入湾内即与整个湾内海水充分混合，则需要在湾内、湾口及湾外对指示物质（如选取盐度、COD 等）进行连续观测，如果考虑到不同区域离湾口的距离、流况、水深及形态的差异[16]，以浓度法得出的结果会有所不同。另外，流场及其对应的浓度通常是随空间与时间变化的，要得到对应的实测值也是极其困难的，故有一定的局限性。目前，对于水体交换能力和自净能力的研究模型逐渐倾向于三维潮流场及物质输送模型[17]、对流-扩散水交换模型[18]和拉格朗日标识质点追踪法[19]等数值模拟法。然而，大部分的数值模拟工作均以浓度对流扩散方程为基础进行水交换率的计算，其方法并不客观。水交换率的定义主体是水体本身，交换率的大小是水质点对流与扩散共同作用的结果，通常与水中物质浓度无关（除非物质浓度会影响到水质点速度）。浓度的载体是污染物或者是示踪剂的水体团，其大小不仅是因为对流，污染物本身的扩散也起到了一定的作用，其变化仅反映了该水域的自净能力，而不能反映水交换能力。比如，研究一个有开边界的水域，其域内外的水处于静止状态，域内有污染物但域外无，则经过一段时间域内浓度值趋近于零（假设域外无限大），可以说该水域具有很强的自净能力，但其水体交换率却是零。因此，用浓度方程计算水体交换率是不准确的。

而针对普兰店湾水交换能力和自净能力的研究则非常少，最早有关普兰店湾的研究是在 1987 年，只是针对水文气象特征与泥沙运动的相关分析，符文侠[20]列述了普兰店湾的水文气象特征，对与泥沙运动密切的几个主要动力因素如风、波浪、潮流等加以讨论，其湾底沉积物的分布和典型堆积地貌的形态标志为上述分析提供了有力的佐证。1996 年，张秀云等[21]简述了普兰店湾海域的功能区划，对该湾入海污染（石油类、COD）负荷总量控制进行了数值模拟，以期对该湾进行污染负荷总量控制。2001 年，韩康等[22]采用浅水潮波动方程、普兰店湾的潮滩边界限定模拟，分析了潮流场的时空变化过程。近几年，耿宝磊等[23]对普湾海湾整治区域内采样，结合大连普湾新区海湾整治工作要求，进行了泥沙的动、静水沉降试验以及波浪作用下的起动试验和波、流联合作用下的泥沙起动试验。陈昊等[24]采用 MIKE 21 水动力模块搭建普湾平面二维潮流数学模型，对该区域的潮流特征进行研究分析。孟雷明等[25]在 2010 年春、夏、秋 3 个季节对大连市普兰店湾进行污损生物的采样调查，并与周边的海区群落作比较，为普兰店湾海洋工程的建设提供参考依据。何远光[26]建立了污染物扩散数值模型，对普兰店湾和普兰店东南海域的潮流场进行模拟，得出环境容量，提出普兰店海洋生态环境保护对策。

关于石油降解微生物的研究，早在 20 世纪 70 年代，就已经进入了实用阶段[27]，我国于 1980 年起也开始了针对石油污染区微生物降解的相关研究。现已发现的有降解石油中各种组分能力的微生物有100多属、200多种。常见石油降解微生物分属主要以细菌和真菌为主。在海洋环境中，常见的具有石油降解性能的细菌类微生物有无色杆菌(*Achromobacter*)、不动杆菌(*Acinetobacter*)、节杆菌属(*Arthrobacter*)、假单胞菌(*Pseudomonas*)以及放线菌(*Actinomycetes*)。真菌类微生物假丝酵母菌(*Candida*)、金色担子菌(*Aureobasidium*)、红酵母菌(*Rhodotorula*)是最普遍的海洋石油烃降解菌。由于石油污染物的组成相对复杂，从环境中筛选获得的石油降解菌株有限，只有对从普兰店湾海区提取的石油降解菌株做实验鉴定，才能得出其对石油的降解率，为普兰店湾的污染应急提供对策。

总体看来，对于普兰店湾海区的海水交换与自净能力及污染应急对策的相关研究较少，多年的海岸开发也使得普兰店湾的海岸边界变得复杂，湾内的围海养殖圈将内湾口原本狭窄的潮汐通道变得更为拥挤，过水面变窄，使得湾内的海水交换能力和海水自净能力减弱，富营养化等水质问题也逐渐显现出来。面对这一现状，作为金普新区“双核”发展区之一的普湾新区决定推进普兰店湾沿岸地带开发建设，对普兰店湾的海岸进行综合整治，以拓展普湾新区的发展空间。因此，复杂的海域现状和势在必行的海岸整治使得研究和分析普兰店湾的潮流场状况至关重要，以此对普兰店湾海水交换与自净能力进行计算和分析，并针对该区域提出污染应急措施，为普兰店湾的整治提供参考和建议是非常必要的。

1.3 研究内容

随着人类活动对海岸带的开发扩展，区域性、大尺度和复杂化已经成为近岸海域水环境系统的特点，尽管很多学者利用现场实测或数值模拟等方法对近岸海水环境系统做了很多研究，但是海域水环境系统特性指标的标准性和准确性亟须完善，尤其是海水交换能力和自净能力的衡量、分析和预测。海湾的海水交换能力直接影响到湾内污染物滞留和迁移，海水交换能力弱，污染物容易滞留湾内，降低海湾水环境质量。因此海湾水交换能力和自净能力的判定对海湾污染分析预测控制和海湾环境承载能力的估量是非常重要的。

目前对于海水交换能力和自净能力的研究主要包括交换率、时间尺度和纳潮量等方面，大都基于箱式模型，根据湾内外海水的平均浓度和湾口海水的涨落潮浓度而计算，由此得出的海水交换率和时间尺度虽然得到了广泛应用，但以此来衡量海水的交换能力是不准确的。以箱式模型为基础，将溶解性保守型物质作为示踪剂的计算是基于进入箱内的水体立即充分混合的前提，这对于潮流占主导作用的海湾很难完全符合。由于潮周期的往复，短时间内局部海域的水质通常是不均匀的，该算法很容易高估海湾水的交换能力。而且，将海水交换率的基本模型建立在示踪物浓度的对流扩散方程上，这种算法的研究主体本身就模糊不清，因为海水交换能力的研究对象是海水本身，而作为示踪污染物求得的只能是针对某种污染物的海水自净能力，并不是海水交换能力。并且，由此计算出的海水自净能力由于湾口和湾内外范围的选定以及示踪剂浓度站位的选择的不同都会存在差异。因此，对于海水交换率的计算，需要在研究范围、研究主题和定义式三个方面加以明确：研究范围不能仅限于湾口处的小范围内，因为海水具有随着时间变化的往复性，如果只局限于湾口处，布置于湾内的水质点很容易往复流出或者流入计算区域，这都会错估水交换能力，故要将湾外范围扩大，给研究水体足够的计算区域，才能更全面地体现其交换能力；海湾水交换能力应为湾内与湾外的海水之间的交换作用，有的方法选用溶解性保守型物质作为示踪剂，由于示踪剂自身溶解度和扩散能力不同，求得的海水交换率差异较大，不能直接体现水体自身的交换能力，故主体应界定为海水自身，才能更直接体现研究区域海水的交换能力；海水交换率的定义式应是个比率，即在计算可以达到稳定状态的时间里，在可满足计算的条件范围内，计算流出湾外的海水质点与初始投放于湾内的水质点之比，才是湾内外的海水交换率。

本书通过对水交换能力与自净能力相关的概念进行分析和梳理，并且用基本算例对海水交换能力与自净能力相关指标进行讨论，在此基础上对海水交换率和海水自净率的概念加以明确。

普兰店湾位于金普新区的普湾新区，普湾新区作为大连城市未来核心功能的拓展区，是环渤海经济圈及辽宁沿海经济带的重要核心节点。由于普兰店湾海岸资源开发的不合理，湾内围海养殖堤坝密布，海水环境质量逐年恶化，居民亲海空间被压缩。政府决定实施普兰店湾综合整治方案，清理湾内的人工养殖堤坝，有效拓展区域内水道宽度和水域面积，改善普兰店湾区域水动力环境，提高海水交换与自净能力。

通过对普兰店湾的地理区位、自然条件、社会经济及其资源特征做梳理，根据海岸开发的现状将普兰店湾海域的用海类型现状进行归类，提出普兰店湾近岸海域存在的主要环境问题并对海洋环境受到的影响进行阐述，为后续关于普兰店湾综合整治前后海水交换能力和自净能力的研究打下基础。

在对普兰店湾的资源环境与开发概况了解的基础上，采用深度平均二维化浅水潮波方程，对普兰店湾的潮流场进行数值模拟，以期掌握普兰店湾海域的水动力特征，并利用实测数据对模拟结果进行验证，为后期普兰店湾综合整治方案的实施和该海域海水交换能力、自净能力及海洋环境容量等相关研究提供基础数据。基于保守物质模型对普兰店湾的自净能力进行计算和利用粒子追踪法对海水交换能力进行计算，同时将其应用于普兰店湾综合整治方案实施前后海水交换能力和自净能力的分析比较，从而验证整治方案的可行性，对整治后的环境承载能力进行分析，为普兰店湾海域环境管理提供科学依据并且在实际管理中对规避和削减近岸海水环境风险具有十分重要的应用价值。

由于普兰店湾是溺谷型海湾，内湾狭长拥窄，即使按照方案整治后，海域水交换能力和自净能力得到改善，但提升幅度很小。并且，普兰店湾所处位置相对敏感，以簸箕岛为界，内湾口处南北分别分布着松木岛港口航运区和三十里堡港口航运区，西侧水域宽度相对大些，但南北纵向长度平均也不过 5 km，簸箕岛西南向还有七顶山港口航运区。整个海域与沿岸陆地活动较密切，所以环境目标相对敏感。航运区船舶操作相对频繁，必须对普兰店湾海域的溢油风险进行防范。目前国际上通行的治理海洋溢油的方法主要分为物理处理方法、化学处理方法和生物修复技术三大类。本书是从生物修复的角度对普兰店湾海域内的松木岛港口航运区和三十里堡港口航运区溢油事故进行防范，以减少事故给该区域的海洋环境以及沿海居民的健康带来的危害。从普兰店湾近岸海域分离出一株能降解石油烃的交替假单胞菌，为该区域海洋溢油污染的生物修复提供菌源，提高普兰店湾的生物净化能力。以此，使得普兰店湾的海岸和近岸海域资源得到有效保护和利用，从而改善该海域的海岸环境，提升普兰店湾海岸的景观价值，正确处理好普湾新区经济发展与海洋资源环境保护的关系，促进该区域海岸带和海洋资源的可持续发展。

1.4 章节安排与结构

第一章为绪论。通过对海水交换与自净能力研究现状的简单介绍以及分析普兰店湾所在区位的重要意义，确立了本书的研究目标，阐述了本书的主要研究内容。

第二章为海水交换与自净能力的计算方法。先是对国内外海水交换与自净能力计算方法做了回顾，发现目前的研究方法大都是基于箱式模型的海水示踪物浓度计算所谓的交换率和时间尺度，其结果并不能准确地体现海水交换与自净能力。为了清晰、明了地阐述水体交换与自净能力的基本概念，以简单的二维定常流动为例，采用涡流函数方程，具体地提出了水体交换能力与自净能力的计算方法，指出了依据浓度方程计算水体交换率的不合理之处。

第三章为三维非定常海水交换与自净能力的计算模型。由于第二章计算采用的流函数对非定常三维流动不适用，于是基于非定常的深度平均方程，采用粒子追踪等数值方法，建立了实际三维运动的浅海水体交换及自净能力的计算模型，为实际应用奠定了理论基础，并结合简单算例给出海水交换率和自净率的具体计算方法。

第四章为普兰店湾的资源环境与开发概况。通过现场勘查、资料搜集和数据处理对普兰店湾的地理区位、自然条件、社会经济及其资源特征进行介绍，对海域的用海类型现状进行分析以及基于海岸开发的现状对海洋环境受到的影响进行阐述和分析，最后归纳总结目前普兰店湾近岸海域存在的主要环境问题，为之后有关普兰店湾综合整治前后海水交换能力和自净能力研究的相关章节打下基础。

第五章为整治前普兰店湾的海水交换能力与自净能力。本章采用完整的深度平均浅水方程对普兰店湾的潮流场进行数值模拟，并利用实测数据对模拟结果进行验证。采用第三章提出的计算方法，对整治前的普兰店湾的海水交换率与自净率进行计算。

第六章为综合整治后普兰店湾海水交换与自净能力的模拟研究。随着普湾新区被纳入国家级新区建设，普兰店湾的环境综合整治愈发显得迫切与重要。根据普兰店湾的综合整治方案，重新界定范围，再次对整治后普兰店湾的海水交换率与自净率进行计算，与之前的结果进行比较分析。结果表明，整治后的海水交换率与自净率分别由整治前的0.2与0.6增加到了0.3与0.65。可见整治后普兰店湾的海水交换率与自净率虽有所增加，但海水交换与自净能力没有实现根本性改善，原因是普兰店湾的海湾性质为溺谷型，以簸箕岛为界的东侧海域狭长，综合整治方案实施后虽然将湾内的堤坝拆除，平整了海岸线边界，但湾口依然狭窄，湾内的海水质点不容易被交换出去。

第七章为普兰店湾的溢油污染应急对策。普兰店湾的溺谷特性使得整治后的海水交换能力与自净能力未得到根本性改善，低至0.3的海水交换率意味着普兰店湾海域的环境承载能力非常脆弱。近湾口处分布的松木岛和三十里堡两大港口航运区使得对该海域的溢油风险必须进行重点防范，生物消油对溢油的治理相对安全可靠。本书的研究工作从普兰店湾近岸海域分离出一株能降解石油烃的交替假单胞菌，该菌株在22℃、120 r/min的条件下，对0#柴油7日降解率可达到41.2%，可为该区域海洋溢油污染生物修复提供菌源，为环境脆弱的普兰店湾应对最大的溢油环境风险提供了相对安全的处理手段。

第八章为结论与展望。对本书的研究工作进行总结，并对之后的研究做了展望，给出需要关注的方面和进一步的研究方向。

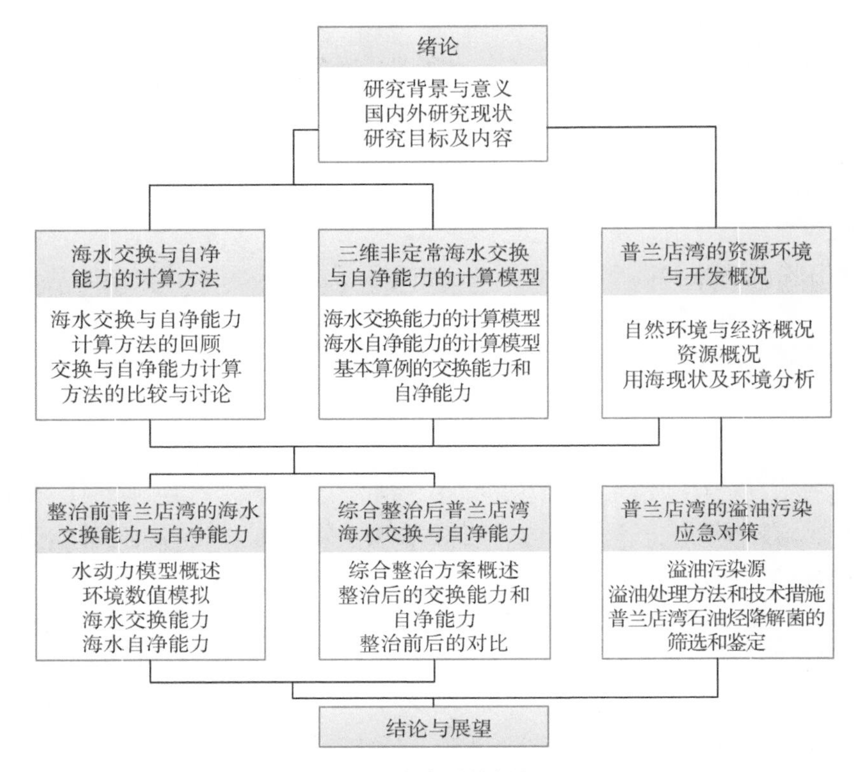

图 1.1　全书结构框架图

第二章

海水交换与自净能力的计算方法

由于受到沿岸陆地污染源的排放、海洋产业的发展以及海上船舶溢油事件的增加等多方面的威胁，海洋污染问题日益严重，海水水质的恶化和海洋生态环境的退化使得海域水环境的污染综合防治和海域水环境系统的健康有效发展至关重要。海洋污染物综合防治的根本限制性因素是由海水交换能力与自净能力决定的，区域内污染物借助海水的对流作用与外界水域交换，同时由于浓度差促使污染区域与净水区域的混合，最终实现区域污染物的环境管理。因此，海水交换与自净能力的判定对海域水环境系统的管理非常重要。

目前对于海水交换与自净能力的研究主要基于海水交换率、时间尺度和纳潮量等几个方面，这些方法大都是基于箱式模型，也就是根据浓度扩散方程来计算的，由此计算出来的结果只能反映海水的自净能力，却不能体现海水自身的交换能力，导致了两种能力在概念上的混淆。本章首先对上述计算方法进行回顾，指出目前对于海水交换与自净能力研究存在的问题和不足，之后利用涡流函数方程，以定常二维运动为基本算例，厘清海水交换能力与水体自净能力的基本概念，给出海水交换率和海水自净率的计算方法。

2.1 海水交换与自净能力计算方法的回顾

2.1.1 交换率

海水交换率是指由潮汐、潮流的作用而引起湾内水与外海水交换的比率。目前计算海湾水交换率有不同的方法，基于 Parker 等[5]和柏井诚[6]的算法，即利用现场指示物质浓度的实测数据计算是比较常用的一类。

(1) Parker 定义的海水交换率 γ_E 是指涨潮初次流入湾内的外海水量与流入湾内的海水量的比率：

$$\gamma_E = \frac{q_O}{Q_F} = \frac{C_F - C_E}{C_o - C_E} \tag{2.1}$$

式中，q_O 为涨潮初次流入湾内的外海水量，Q_F 为涨潮从湾外流入湾内的海水量，C_F 为涨潮流入湾内水的物质浓度，C_E 为落潮从湾内流入湾外的物质浓度，C_o 为湾外海水的物质浓度。

(2) 柏井诚提出的海水交换率 γ_F 与 Parker 的定义相类似，定义为落潮时首次流入湾外的湾内水所占流出水量的比率：

$$\gamma_F = \frac{q_B}{Q_E} = \frac{C_F - C_E}{C_F - C_B} \tag{2.2}$$

式中，q_B 为落潮初次流入湾外的湾内水量，Q_E 为落潮流入湾外的海水量，C_B 为湾内海水的物质浓度。

(3) 中村武弘等[28]综合了 Parker 和柏井诚提出的海水交换率，对湾内外海水交换的比率做了定义，将一个潮周期流入湾内的外海水与涨潮水的比定义为 β，一个潮周期流出的湾内水与落潮水之比为 γ，水交换率 β、γ 分别反映了单位时间内外海水与涨潮水和湾内水与落潮水的比率：

$$\beta=\frac{r_E\left[1-\frac{1}{\alpha}(1-r_F)\right]}{r_E+r_F-r_Er_F} \tag{2.3}$$

$$\gamma=\frac{r_F\left[1-\alpha(1-r_E)\right]}{r_E+r_F-r_Er_F} \tag{2.4}$$

(4) 根据上述海水交换率的定义，柏井诚对 γ_E 、γ_F 进行扩展，提出外海水与湾内水直接交换，在整个潮周期上提出了海水平均交换率，其定义式为

$$\gamma_G=\frac{\gamma_E \cdot \gamma_F}{\gamma_E+\gamma_F-\gamma_E\gamma_F} \tag{2.5}$$

式中，$\gamma_E=\frac{C_F-C_E}{C_o-C_E}$，$\gamma_F=\frac{C_F-C_E}{C_F-C_B}$，其中 γ_E 是指涨潮初次流入湾内的外海水量与流入湾内的海水量的比率，γ_F 是指落潮时首次流入湾外的湾内水所占流出水量的比率。

Parker、柏井诚等海水交换率的计算方法表明，有了湾内海水或外海海水的平均浓度和湾口海水的涨、落潮浓度便可以计算出相应的海水交换率。国内外学者基于以上方法对海湾水交换进行大量研究：潘伟然[29]根据柏井诚的计算方法，以海水盐度为指标浓度，计算了湄洲湾的海水交换率；王寿景[30]根据“厦门港湾海洋环境综合调查”资料，应用 Parker 的计算公式，以盐度为指标物质浓度，计算了嵩屿—鼓浪屿和厦门—鼓浪屿断面海水交换率，得出厦门西港的海水交换状况；匡国瑞等[31]采用中村武弘的海水交换率定义对乳山东湾的海水交换和环境容量做了探讨。

应用以上计算方法得出的海水交换率虽然得到了广泛应用，但以此来表示海水的交换能力是不合适的。因为这些方法的提出全部是根据湾内外海水的平均浓度和湾口海水的涨落潮浓度计算的，示踪剂的选择体现的只是针对这种示踪污染物求得的海水自净能力，而且由于计算项包含的都是平均浓度，湾口和湾内外范围的选定以及示踪剂浓度站位选择的不同也使得计算出的交换率存在差

异。因此，以浓度定义的海水交换率不能反映海水自身的交换能力，只能从某种程度反映海水的自净能力，而且该方法计算出的海水自净率更适用于面积小且混合能力强的海湾[32]，而对面积较大且混合能力弱的海湾会出现偏差，具有一定的局限性。

2.1.2　时间尺度

在海湾水交换与自净能力的研究中，时间尺度也可以体现海水交换与自净能力，相关的各种时间尺度的定义可以从不同角度描述海水交换的快慢程度。例如生命值（Age）τ_a、冲刷时间（Flushing time）τ_f、驻留时间（Residence time）τ_r、传输时间（Transit time）τ_t、剩余函数（Remnant function）、更新时间（Turn-over time）τ_o 和半交换时间（Half-life time）等。

(1) 生命值（Age）τ_a

Bolin 和 Rodhe[10]于 1973 年提出了生命值的概念，即示踪质点在进入研究水域后所经历的时间。设 $M(\tau)$ 为自进入水体开始至 τ 时刻整段时间示踪物质的累积量，其生命值的频率函数为

$$\psi(\tau)=\frac{1}{M_0}\frac{\mathrm{d}M(\tau)}{\mathrm{d}\tau} \tag{2.6}$$

式中，M_0 是研究水体中示踪物的总量，有 $\lim\limits_{\tau\to\infty}M(\tau)=M_0$。

则示踪物的生命值为

$$\tau_a=\int_0^\infty \tau\psi(\tau)\mathrm{d}\tau \tag{2.7}$$

Deleersnijder 和 Delhez[33]在 2001 年进一步诠释了基于海水粒子的生命值定义，假设一组粒子的平均生命值是所研究粒子的生命值质量加权的平均值，其基本变量是浓度分布函数，在给定时间和位置的变化下，考虑到生命值的浓度分布，且满足以下偏微分方程：

$$\frac{\partial c(t,\vec{x})}{\partial t}+\nabla(uc(t,\vec{x})-K\ \nabla(t,\vec{x}))=0 \tag{2.8}$$

$$\frac{\partial \alpha(t,\vec{x})}{\partial t}+\nabla(u\alpha(t,\vec{x})-K\ \nabla\alpha(t,\vec{x}))=c(t,\vec{x}) \tag{2.9}$$

$$a(t,\vec{x})=\frac{\alpha(t,\vec{x})}{c(t,\vec{x})} \tag{2.10}$$

(2) 冲刷时间(Flushing time) τ_f

根据 Pritehard[34]的定义:“河口为半封闭海岸水体并同外海自由联系,河口中的水体一部分由陆地径流而冲淡。”Dyer 将冲刷时间定义建立在河流径流替换的概念基础上,即河口中的淡水被河流径流替换更新所需的时间[35]。计算冲刷时间的方法有[36]潮棱体法(Tidal prism model)、淡水比例法(Freshwater fraction method)和水量盐分平衡法(Water and salt budget method)。冲刷时间可以反映水域的水动力状况[37],其值在某种程度上表现了河口污染物向外海输移的强弱。水体的冲刷时间短说明水体更新得快,污染物质更容易向外海输移使水质改善;反之,则说明水体更新慢,污染物容易积累使水质恶化。

(3) 驻留时间(Residence time) τ_r

Zimmerman[14]对 Bolin 的概念进行了修改,并提出了驻留时间的概念,即水质点离开研究水域需经历的时间:

$$\tau_r = \int_0^{\infty} \xi \psi^*(\xi) \mathrm{d}\xi \tag{2.11}$$

式中,$\psi^*(\xi)$ 为关于驻留时间的频率函数,有 $\psi^*(\xi) = \dfrac{1}{M_0} \dfrac{\mathrm{d}M^*(\xi)}{\mathrm{d}\xi}$。

Miller 和 McPherson[38]针对示踪剂投放地点的不同提出了两种水体驻留时间,分别为河口驻留时间(Estuary Residence Time,ERT)和脉冲驻留时间(Pulse Residence Time,PRT)。ERT 的定义为某时刻向水体中均匀投放一定质量的示踪剂,随着示踪剂的衰减,水体中剩余示踪剂质量与初始示踪剂质量的比值达到某个比例(比如 e^{-1})所经历的时间;PRT 的定义和 ERT 相似,唯一不同的是示踪剂在某时刻投放在水体中的某一点,而不是均匀投放在整个水体中[39]。

(4) 传输时间(Transit time) τ_t

$$\tau_t = \int_0^{\infty} \tau \phi(\tau) \mathrm{d}\tau \tag{2.12}$$

式中,$\phi(\tau)$ 为关于传输时间的频率函数,有 $\phi(\tau) = \dfrac{1}{F_0} \dfrac{\mathrm{d}F(\tau)}{\mathrm{d}\tau}$。

(5) 剩余函数(Remnant function)

Takeoka 引入了剩余函数的概念,用来描述任意水体(或所含物质) R_0 的交换(或输运)特性[40]。定义为

$$r(t) = \frac{R(t)}{R_0} \tag{2.13}$$

式中，R_0 为任意水体（或所含物质）初始时刻的物质的量，$R(t)$ 为 t 时刻 R_0 里仍剩余在研究水体中的物质的量。

（6）更新时间（Turn-over time）τ_o

$$\tau_o = \frac{M_0}{F_0} \tag{2.14}$$

式中，F_0 是达到稳定状态后，该物质流入（出）研究水体的流量。

Prandle[41] 将更新时间定义为箱内物质的量减少到原有物质总量的 e^{-1}（37%）所需的时间。

（7）半交换时间（Half-life time）

Luff 等[42] 引入半交换时间的概念，即海域内某种保守物质浓度通过对流扩散作用将浓度稀释到初始浓度的 1/2 所需的时间。

（8）海水半交换周期数的估算

受径流、降水和海洋动力因素的影响，海湾内的陈水如果要完全交换出去会花费很长时间。如果只考虑潮汐和海流的作用，刨除径流和降水，水交换周期[43] 的计算方法如下。假设湾内海水总量为 Q，一个潮周期内涨潮带入湾内的水量与落潮时流出的水量相同，即 $Q_0 = Q_B$。在经过一个潮周期后，湾内剩余旧水量占湾内总水量的比例为 $1 - \frac{Q_0 \cdot r_E \cdot r_F}{Q} = a$；经过 n 个周期后，湾内剩余的旧水量所占比率为 $a^{n-1}\left[1 - \frac{Q_0 \cdot r_E \cdot r_F}{Q}\right] = a^n$；假设经过 x 个周期以后，湾内海水被交换出 50%，则有 $0.5 = a^x$。于是湾内海水交换出 50%时的周期数 x 为

$$x = \log 0.5 / \log a \tag{2.15}$$

选用时间尺度来计算海水交换与自净能力的例子有很多：Shen 等[44] 基于一个三维模型对 York River 在不同的动力条件下的平均生命值、驻留时间和更新时间进行了研究试验；Feleke Arega 等[45] 对东斯科特河口的水体交换做了数值分析，用剩余函数的方法分析平均存留时间与潮流的变化关系；许苏清等[46] 基于箱式模式计算了浔江湾海水交换时间，分析其时空分布特点；Delhez 等[47] 在对五维空间（时间×3D 空间×年龄）浓度分布函数的演化方程数值求解的基础上，分析了在英吉利海峡和北海对海水生命值的浓度分布函数；魏皓等[48] 对渤海湾的半交换时间进行了计算，研究分析渤海湾不同区域的水交换能力以及物质初始浓度和外源强迫对其的影响；石明珠等[49] 基于 FVCOM 模型建立大辽河感潮河段的水动力-扩散数值模型，采用保守物质对平均驻留时间、半交换时

间和更新时间为 e^{-1} 的计算来研究大辽河感潮河段在潮和径流作用下的水体交换特征。

以上计算得出的时间尺度存在的问题同 2.1.1 小节提到交换率的问题类似,即模型大都建立在箱式模型的基础上。箱式模型法[50](Box Model)是把所研究的海区看作一个整体,即单箱模型,或划分为几个箱型,即多箱模型。以上两种情况都满足质量守恒定律并有如下假定:流动定常,通量为常数;箱外的水体进箱后立即与整个箱内的水体完全混合;通过边界无扩散交换。高抒等[51]针对狭长海湾建立多箱模型,对象山港的水交换机制进行研究。胡建宇[52]根据实测资料分析了罗源湾的潮汐特征,并采用单箱模型计算了罗源湾的海水交换率和半更换期。董礼先和苏纪兰[53]利用实测资料对象山港不同区域的水体混合进行研究。

箱式模型的选择决定了对于时间尺度的计算大都将溶解态的保守型物质作为示踪剂,由于示踪剂选取的不同和示踪剂特性的差异化导致由此计算出的海水交换能力会有偏差。因为污染物浓度计算得来的结果体现的不仅仅是海水自身的交换能力,还包括示踪剂的扩散能力,这会高估该海区海水自身的交换能力,从而影响海洋环境污染物总量控制。

除了基于箱式模型对时间尺度进行计算,也有部分学者采用质点追踪模型,运用了拉格朗日离散,记录下模拟值点的对应坐标和质量,对海域水交换特性做研究,以此估算海水交换能力。王丽娜等[54]采用三维浅海动力模型对铁山港进行数值模拟,应用粒子随机游动模型计算了平均驻留时间和稳态时间;刘博[55]基于随机游动模型对天津近岸的海域水交换特性做了分析。这些算法的基本思想是除了流体速度产生的质点位移外,还根据扩散的随机性又加入了随机走动引起的质点位移。如此计算出来的相关量也就不能直接代表海水交换的能力,实际是对浓度对流扩散方程的数值求解,体现的是海水的自净能力。

2.1.3 纳潮量

海湾纳潮量为高潮水量与低潮水量之差,其数值取决于海湾高、低潮的潮位变化和海域面积的变化,常用的计算公式为[56]

$$W=\frac{1}{2}(S_1+S_2)(h_1-h_2) \tag{2.16}$$

式中,W 为纳潮量,S_1、S_2 分别为平均高、低潮潮位的水域面积,h_1、h_2 分别为 S_1、S_2 所对应的潮高。

大潮平均高潮位的海湾面积 S_1 很容易得到,因为海图岸线[57]是以大潮平均高潮位与陆地的界限划分的。如果有平均潮位资料，高、低潮潮位 h_1、h_2 也容易得到，低潮时水域面积 S_2 的计算方法可以采用李善为[58]的方法。假定潮滩为坡度均匀的斜面，任意潮位时的水域面积 S 与 0 m 水域面积 S_0 存在以下线性关系：

$$S = S_0 + ah \tag{2.17}$$

式中，a 为海湾潮滩斜率系数，h 为潮位。

纳潮量的计算除了利用海图和潮汐资料外，还可以用 ADCP[59]在封闭湾口的观测断面上进行周期性的往还式周日连续走航观测，湾口流量变化序列可以直接计算海湾的纳潮量。陈红霞等[60]通过纳潮量常用算法和走航 ADCP 测流计算了胶州湾小潮不同潮时段的纳潮量。结果表明，静态计算纳潮量在海岸带斜率的获取有一定局限性导致小潮纳潮量的计算结果发散性强。

由于 ADCP 测流工作投入的时间和费用比较多且实施较难，而常用的传统算法在计算时结果也有偏差，一些学者开始将数值模拟用于纳潮量的计算。刘明等[61]采用数值模拟计算了锦州湾潮流场、纳潮量等；杜伊等[62]采用 ECOMSED 模型分析纳潮量与海湾水体交换能力的关系；蒋磊明等[63]运用 FVCOM 模型对钦州湾的潮流特征进行分析，并计算了纳潮量和半更换周期。

纳潮量反映了一个潮周期内流入流出的水量，但在实际测量时需要在湾口设和湾口两端垂直的断面进行水文、化学、生物、悬移质和底质调查。因为湾口是湾内外水交换的通道，从物质守恒角度来看，涨潮进去的水量等于落潮流出的水量。但是，流出、流进的路径却不一样。顺着涨潮方向看，涨潮流的右面，净水量输运和涨潮方向一致；涨潮流的左面，净水量输运和落潮方向一致。这就导致计算的结果跟选取断面的位置和断面的流速有关，纳潮量仅仅体现的是通过该断面的流量，说明不了海湾的海水交换与自净能力（见 2.2 节对海水交换率与自净率的研究）。因此，本书不对纳潮量进行进一步的研究。

2.2　水体交换与自净能力计算方法的比较与讨论

海湾水交换能力与自净能力高低是决定海湾水环境质量优劣的重要因素，也是海域环境容量的重要指标，在海洋环境质量评价和预测以及海域环境容量控制决策中起着重要的参考作用。湾内水体借助对流和扩散等物理过程，与周围的水体混合达到水体的交换，使湾内污染物的浓度降低，进而使水质得到改善。通过研究近岸海域的水交换，就可以了解海湾的交换能力。这对海湾污染的控制、治理和预测都有非常重要的意义，也是海洋环境科学研究的一个基本课题。

一片水域的水体交换能力与水体自净能力均对该水域的水质起着重要作用，但两种能力本质上是不同的。水体交换能力是由水体的流动性决定的，也就是由连续方程及纳维-斯托克斯方程控制，而水体自净能力除了与水体的流动性有关外，还与水体中的物质扩散等性质有关，也就是由浓度对流扩散方程控制。本节在厘清水体交换能力与水体自净能力基本概念的基础上，结合具体的算例，给出相关物理量的计算方法，为之后进一步的研究提供参考。

一般的水体、污染物质的运动及迁移、扩散分别由如下方程控制：

$$\nabla \cdot \boldsymbol{U}=0 \tag{2.18}$$

$$\frac{\partial \boldsymbol{U}}{\partial t}+(\boldsymbol{U} \cdot \nabla)\boldsymbol{U}=-\frac{1}{\rho}\nabla p+\nu \cdot \nabla^2 \boldsymbol{U} \tag{2.19}$$

$$\frac{\partial C}{\partial t}=\nabla \cdot (D \cdot \nabla C-C \cdot \boldsymbol{U}) \tag{2.20}$$

式中，$\boldsymbol{U}$ 为流体速度矢量，p 为压强，ρ 为密度，C 为浓度，ν 为流体黏性系数，D 为浓度扩散系数。

水体的运动由方程(2.18)和方程(2.19)控制，而水体中的污染物迁移扩散则由方程(2.20)控制，三个方程在给定水域的边界条件及对应的初始条件下，便可以得到该水域的流体速度 $\boldsymbol{U}$ 及浓度 C 。通过分析 $\boldsymbol{U}$ 、C 随时间及空间的变化，可以得到该水域的流动性及纳污能力。但由于这些分析工作非常专业，其数据量也较大，不便于非专业人员的理解。因此，有必要建立相关指标以便于描述该水域的水体交换及其对污染物的自净能力。

水体交换与自净能力首先是针对给定的水域而言的，本章以图 2.1 所示的水域为例，具体对水体交换与自净能力进行定义、分析及计算。图 2.1 所示的水域也有一定的代表性，如江、河岸边的港池周边水域等。

对于确定的这个水域而言，水体有进、有出，但由于港池的形状决定了港池内必然会产生漩涡流动，在漩涡内的水体是交换不出去的，这样就有水体交换率、水体交换时间等有关水体交换相关指标的概念问题，同时，也有水体自净等相关指标的概念问题。为能更好地说明本书提出的相关指标的概念、定义及其计算方法，本书将所研究的流动问题简化为不考虑自由表面的定常、二维问题，并考虑到河流上下游为均匀流动，可将该水域流动问题简化为图 2.2 所示的问题。

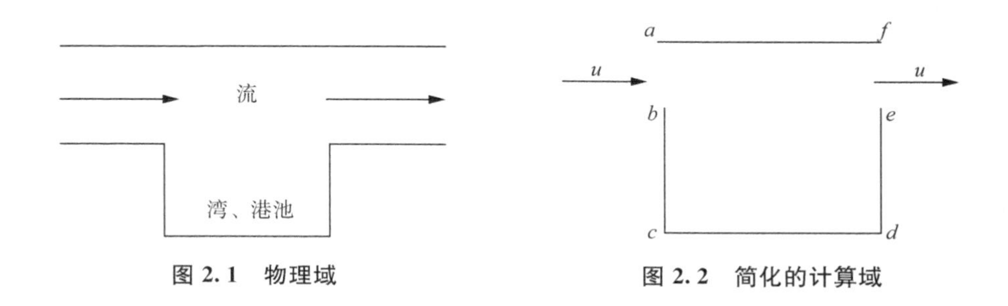

图 2.1　物理域

图 2.2　简化的计算域

2.2.1　水体交换能力相关指标的概念、定义及计算

引入三个关于水体交换的指标：

定义 1　水体交换率 γ 为能被交换至水域外的水体质量与水域总质量之比。

定义 2　水体平均交换时间 $\bar{\tau}$ 为能被交换至水域外的水体质量与流进(流出)水域的水体流量之比。

定义 3　水体最大交换时间 τ 为能被交换至水域外的水体中速度最慢的质点流出水域所用的时间。

以上三个指标代表了水域的水体交换能力。

如何理解其中能被交换至水域外的水体质量以及如何计算其质量？这是能否正确计算以上三个指标的关键点，也是本书重点讨论的问题。

为便于求解图 2.2 所示的问题，将方程(2.18)和方程(2.19)转化为如下的定常、二维、无量纲方程：

$$\nabla \cdot (\omega \cdot \boldsymbol{U}) = \frac{1}{Re} \cdot \nabla^2 \omega \tag{2.21}$$

$$\nabla^2 \psi = -\omega \tag{2.22}$$

式中，Re 为无量纲的雷诺数；ψ 为流函数，ω 为涡量，两者与速度 $\boldsymbol{U}(u,v)$ 之间的关系为

$$\frac{\partial \psi}{\partial x} = -v, \frac{\partial \psi}{\partial y} = u \tag{2.23}$$

$$\omega = \frac{\partial v}{\partial x} - \frac{\partial u}{\partial y} \tag{2.24}$$

图 2.2 所示水体的几何条件为 $af = cd = h$，$ab = bc = de = ef = \frac{h}{2}$，坐标原点为 c 点；边界条件为

$b—c—d—e$ 段（固边界）：$u = 0, v = 0, \psi = 0$；

ab 段、ef 段（开边界）：$u = 1, v = 0, \psi = y - \frac{h}{2}$；

af 段（开边界）：$u = 1, v = 0, \psi = \frac{h}{2}$。

各段的涡量边界条件由式(2.22)得到。

数值求解式(2.21)和式(2.22)得到流函数 ψ 与涡量 ω，再由式(2.23)得到速度。各参数选取如下：$Re = 100$，$h = 1$，x、y 方向单元数均为 $n = 40$，采用空间中心差分、虚拟时间导数项迭代的方法进行数值计算，两个时间步各节点 ψ、ω 的最大误差满足 $\max(|\psi_{i,j}^{k+1} - \psi_{i,j}^{k}|, |\omega_{i,j}^{k+1} - \omega_{i,j}^{k}|) < 10^{-8}$ 停止迭代计算，则得到图 2.3、图 2.4 所示的定常时速度、流线分布。

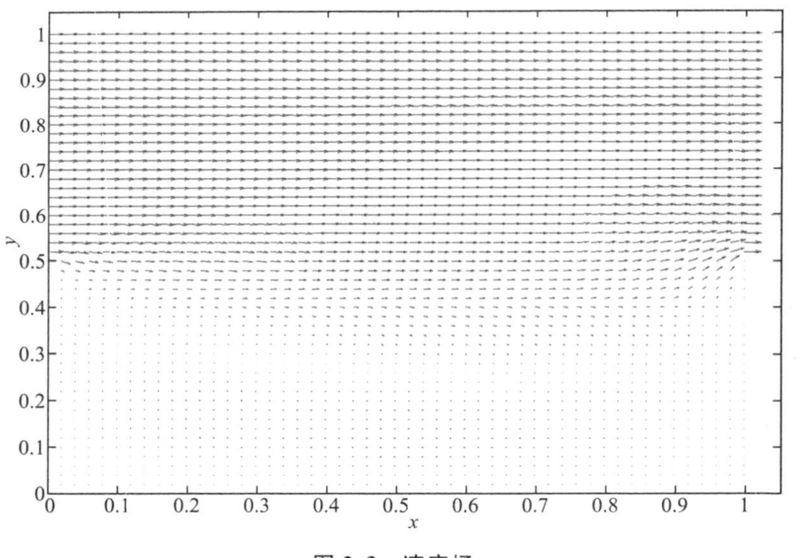

图 2.3　速度场

由图 2.4 可知，ψ 为负值的水域处于顺时针方向的涡流区，处于涡流区的水体显然不能被交换出该水域。对于本问题而言，只有 ψ 大于零的区域的水体才能被交换出该水域。因此，本问题水域的水体交换率就等于 ψ 大于零的区域面积与整个水体面积之比。以 $\psi = 0.000\ 1$ 的流线为分界线，如图 2.5 所示，

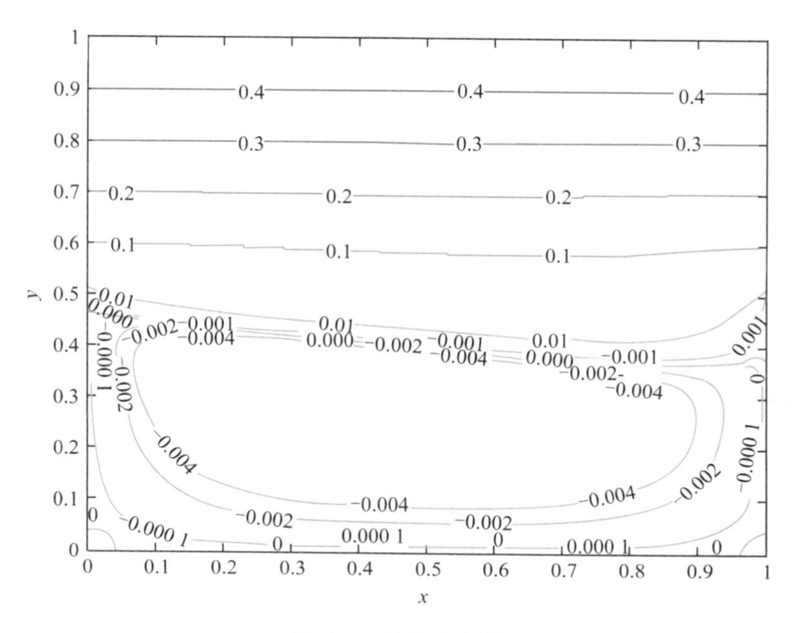

图 2.4　流线分布图

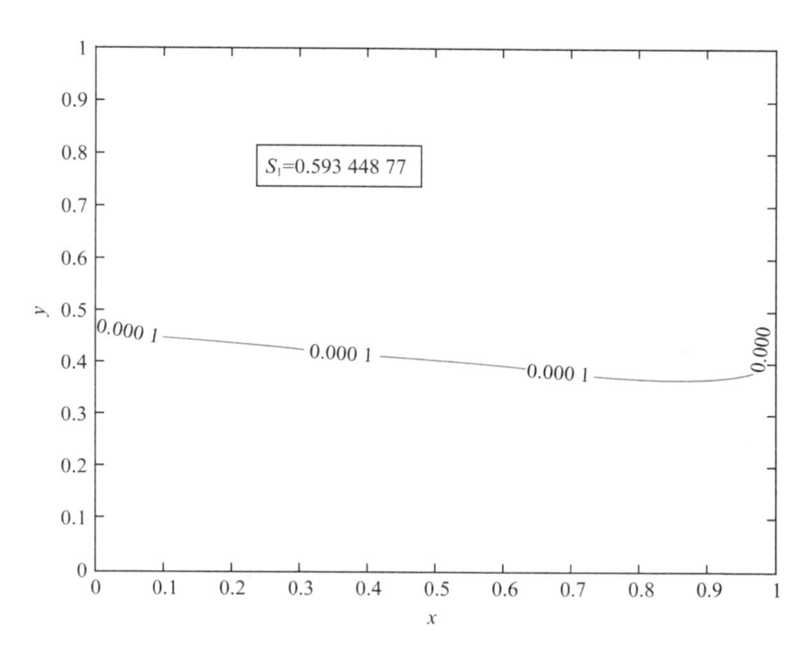

图 2.5　可交换与不可交换水域分界线($\psi=0.0001$)

上部面积为能被交换的水体，其面积为 $S_1=0.5934$，整体面积为1，则水体交换率 $\gamma=0.5934$。由此可见，能被交换至水域外的水体质量是要根据流场计算得到的流线分布图来判断，这就是所解决的关键问题之一。

水体平均交换时间 $\bar{\tau}$ 比较容易计算，由问题的边界条件可知，流进（流出）的体积流量为 $Q=0.5$，因此，$\bar{\tau}=S_1/Q=1.1868$。根据定义，本问题水体最大交换时间 τ 应等于 $\psi=0.0001$ 的流线上质点从进口的左端点流至出口的右端点所经过的时间。如此计算需要插值得到 $\psi=0.0001$ 的流线上离散点的速度，分别求出质点经过相邻两离散点所需的时间，再求和得到 τ。本书给出一个更简便的方法，找到一条靠近 $\psi=0.0001$ 的流线，比如 $\psi=0.0009$（见图2.6），求出此两条流线之间的水体面积 $S_{1、2}=0.0058$ 及流进（流出）的体积流量 $Q_{1、2}=0.0008$，则 $\tau=S_{1、2}/Q_{1、2}=7.25$。由此可以看出，仅有平均交换时间不足以说明真正的交换时间，尽管最大交换时间内交换出去的量仅为总交换量的0.98%（$S_{1、2}/S_1$），但所用时间却是平均交换时间的6.11倍（$\tau/\bar{\tau}$）。通常而言，平均交换时间可以说明该水域的总体交换能力，因为它代表了大部分可交换水体被交换至域外所需的时间。由图2.3、图2.4可以看出，$\psi=0.1$ 的流线上的质点速度基本上为1，以上水体面积约为0.4，对应的流量为0.4，则对应的交换时间为1。也就是说，在对应的时间内，可以将 $\psi=0.1$ 的流线以上的水体完全交换出去，其占可交换水体的67.4%，则1也可以称为67.4%交换时间。

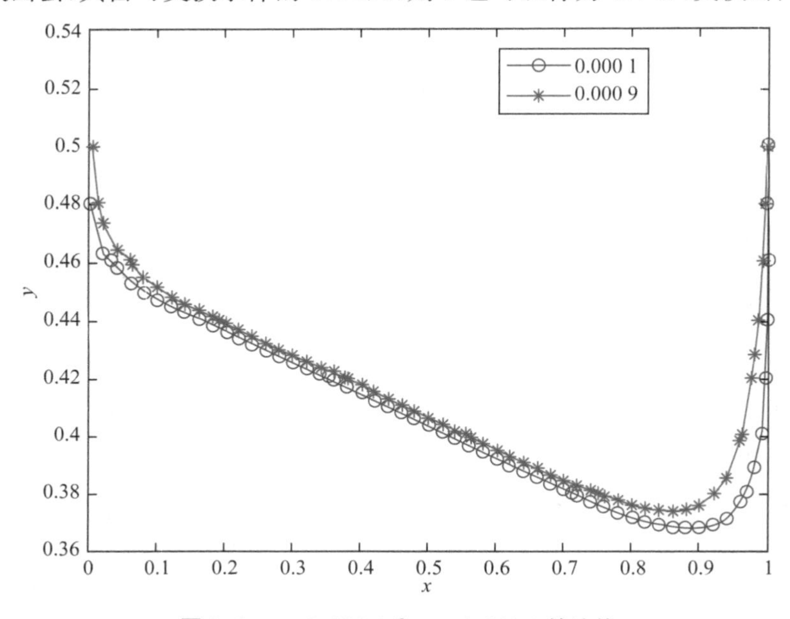

图2.6 $\psi=0.0001$ 和 $\psi=0.0009$ 的流线

如此，通过数值计算得到流线分布，便可方便地计算出三个描述水体交换能力的指标，只需将这三个指标提供给非专业的管理人员，该水域的水体交换能力便一目了然。显然是水体交换率 γ 越大、交换时间（$\bar{\tau}$、τ）越小，对应的水体交换能力就越强。

2.2.2　水体自净能力相关指标的概念、定义及计算

水体的自净能力是由所在区域岸线、底面及水流等自然物理因素决定的，这些自然物理因素也决定了水体中污染物的迁移扩散规律。在仅考虑污染物随水体运动及自身的扩散运动的条件下，方程(2.20)是所研究水域中的污染物浓度必须要满足的方程，尽管流动是定常的，但浓度仍然是非定常的。在一定的边界及初始条件下，数值求解式(2.20)便可以得到浓度随空间、时间的分布，这些结果可以描述该区域水体受污染后的自净能力，但因其非常专业而且数据量很大，非专业人员很难直观地理解、应用。因此，有必要针对水体自净能力提出具体的指标。为使相关指标具有可比性，规定域内初始浓度为 1，域外浓度始终为零，所有的水体自净能力指标都是在此条件下计算得到。

对于图 2.2 所示的问题，为与无量纲的流场方程统一，将式(2.20)无量纲化，得到：

$$\frac{\partial C}{\partial t}=\nabla\cdot(\Gamma\cdot\nabla C-C\cdot\boldsymbol{U})\tag{2.25}$$

式中，$\Gamma=\dfrac{1}{Re\cdot Sc}$，$Sc=\nu/D$ 为施密特数。

将式(2.25)在所研究水域积分，对本书的二维问题，也就是对整个面积 S 积分，得到：

$$\frac{\mathrm{d}M}{\mathrm{d}t}=\int_S\nabla\cdot(\Gamma\cdot\nabla C-C\cdot\boldsymbol{U})\mathrm{d}S=\oint_\ell\boldsymbol{n}\cdot(\Gamma\cdot\nabla C-C\cdot\boldsymbol{U})\mathrm{d}\ell\tag{2.26}$$

式中，$M(t)=\int_S C\cdot\mathrm{d}S$ 为整个水域的污染物总量，ℓ 是 S 的边界线，$\boldsymbol{n}$ 是 ℓ 的外法线向量。

定义 4　水体自净速率为整个水域污染物总量对时间的变化率。

水体自净速率是水体自净能力的一个重要指标，它代表当污染事故发生后，在区域自然、物理因素作用下，污染物总量随时间减小的速度。为什么说污染物总量随时间是减小的呢？针对式(2.26)做如下分析。

通常的水域边界有开边界与固边界两类，其边界条件为：

在固边界：$\boldsymbol{n}\cdot\nabla C=0$、$\boldsymbol{n}\cdot\boldsymbol{U}=0$；

在开边界：$C=0$。

开边界浓度为零是因为开边界与外水域相连接，通常认为外水域是没受污染的水域。

则(2.26)式简化为

$$\frac{\mathrm{d}M}{\mathrm{d}t}=\Gamma\cdot\int_{\ell:\text{开边界}}\boldsymbol{n}\cdot\nabla C\cdot\mathrm{d}\ell \tag{2.27}$$

由式(2.27)可知，污染速度取决于开边界浓度的外法向梯度，由于开边界浓度为零，也就意味着开边界的浓度总是小于等于水域内相邻点的浓度。因此，开边界外法向浓度梯度必然小于等于零，即污染速度 $\frac{\mathrm{d}M}{\mathrm{d}t}\leqslant 0$。从式(2.27)表面上看，似乎水体自净速率与流体速度 $\boldsymbol{U}$ 无关，但开边界的外法向浓度梯度是与流体速度 $\boldsymbol{U}$ 有关的，而 $\boldsymbol{U}$ 又决定了水体交换能力。通常而言，水体交换能力强，导致通过开边界带出去的污染物增多，则自净能力也强。因此，水体交换能力也是水体自净能力的另一种体现。

设：

$$\Gamma\cdot\int_{\ell:\text{开边界}}\boldsymbol{n}\cdot\nabla C\cdot\mathrm{d}\ell=-M_{\ell}(t) \tag{2.28}$$

其中 $M_{\ell}(t)\geqslant 0$ 代表污染物由开边界扩散至域外的速度，也就是水体自净速率。式(2.28)代入式(2.27)，得到

$$\frac{\mathrm{d}M}{\mathrm{d}t}=-M_{\ell}(t) \tag{2.29}$$

对上式积分，得到

$$M(t)=M_0-\int_0^t M_{\ell}(\tau)\mathrm{d}\tau \tag{2.30}$$

式中，M_0 为水域内污染物的初始量。

定义 5　水体完全自净时间 τ_c 为自污染初始至整个水域污染物总量为零所耗费的时间。

由以上定义可知，τ_c 可由下式得到：

$$\int_0^{\tau_c} M_{\ell}(\tau)\mathrm{d}\tau=M_0 \tag{2.31}$$

仍以图 2.2 所示的问题为例，具体的初边值条件为：

$$t=0 \qquad C=1$$

固边界：b—c、d—e 段，　$\dfrac{\partial C}{\partial x}=0$

c—d 段，　$\dfrac{\partial C}{\partial y}=0$

ab、ef、af 段(开边界)：　$C=0$

采用空间中心差分、时间前差形成的显示格式数值求解式(2.25)，空间节点和步长与前面计算流场时的相同，其中的速度为流场计算得到的定常速度。取 $\Gamma=0.1$、时间步长 $\mathrm{d}t=10^{-4}$。图 2.7、图 2.8 分别为 $\dfrac{\mathrm{d}M}{\mathrm{d}t}$、$M$ 随时间的变化，从中可以看出，污染发生的初期，水体自净速率较大，随着时间的增加，水体自净速率迅速减小，至 $t=1$，水体自净速率减小的速度变缓。至 $t=12.61$，$\dfrac{\mathrm{d}M}{\mathrm{d}t}=-5.00\mathrm{e}^{-4}$，$M=9.999\ 9\mathrm{e}^{-4}$。如果取 $M<10^{-3}$ 计算，则 $\tau_c=12.61$。

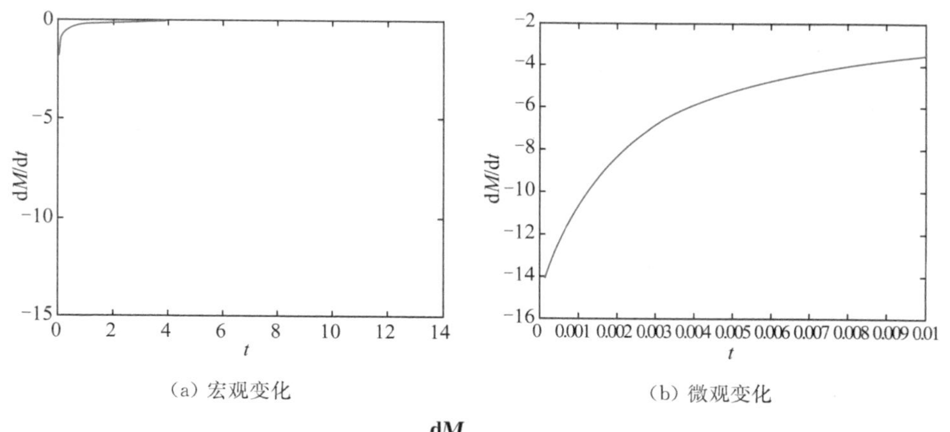

(a) 宏观变化　　(b) 微观变化

图 2.7　$\dfrac{\mathrm{d}M}{\mathrm{d}t}$随时间的变化

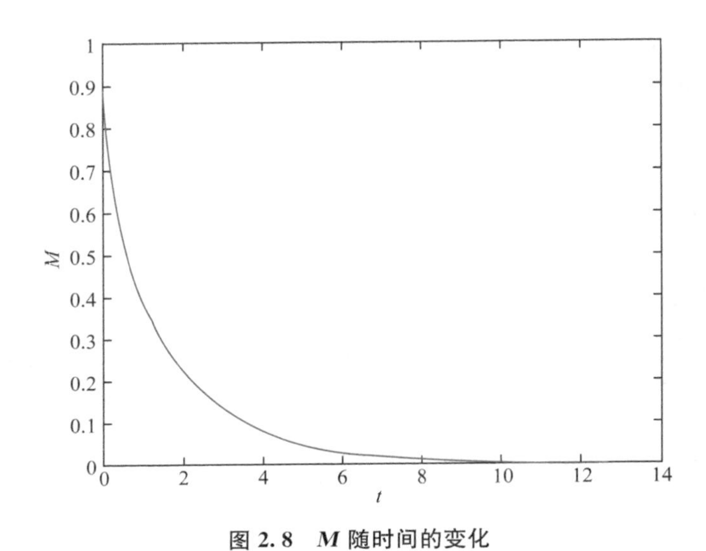

图 2.8 M 随时间的变化

2.2.3 水体交换与自净能力的比较与讨论

为了对比水体交换与水体自净能力的本质差别，设流体速度为零，在此基础上进行水体自净能力计算，如果仍取 $M < 10^{-3}$，则 $\tau_c = 14.44$。此时，$\frac{\mathrm{d}M}{\mathrm{d}t} = -4.521\,3\mathrm{e}^{-4}$，$M = 9.999\,9\mathrm{e}^{-4}$。可见，在同样标准下计算，没有水体交换的 τ_c 比有水体交换的大，也就是说，尽管流体是静止的，但静止水域也有自净能力，只是其自净能力相对有水体交换的情况要弱一些。图 2.9 是两种情况的 M 随时间的变化，可见有水体交换时的自净速率相对要大一些，这主要是对流项加剧了浓度向外域的扩散。

因此，由浓度方程计算水体交换率是不可行的，在静止水域根本不会有水体交换，但只要有开边界，由于扩散的作用，域内浓度始终会向域外扩散直至域内浓度为零。按照通过浓度对流扩散方程计算水体交换的方法[64-66]，可得出有水体交换的结论，这是相互矛盾的。

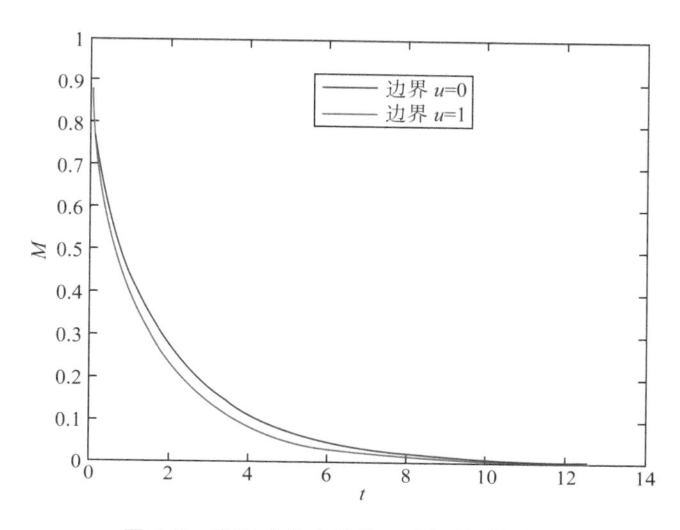

图 2.9　有无水体交换的 M 随时间的变化

2.3　本章小结

本章首先从基本概念、计算方法、计算模型等方面对水体交换及水体自净能力的研究现状进行综述，并提出存在的问题。通过厘清水体交换能力与水体自净能力的基本概念，结合具体算例，对水体交换能力与自净能力进行比较和讨论。通过本章的算例表明，水体交换与水体自净能力是两个不同的物理概念。水体交换能力只能通过流体运动控制方程（连续方程、$N-S$ 方程）进行求解，水体自净能力可以通过浓度方程进行求解。目前普遍采用通过浓度对流扩散方程计算水体交换的方法混淆了两个物理现象的本质，是不合适的。

用流体运动控制方程计算水体交换，也可以采取多种方法。本章以定常二维运动为例，说明水体交换不能用浓度方程计算，只能通过流体运动方程进行计算，采用的是涡流函数方程。对于一般情况的非定常三维流动，由于流函数大都不存在，采用没有随机走动的粒子追踪法会更为方便。

如果一定要使用浓度方程计算水体交换，采用忽略扩散项的浓度对流方程显然要比浓度对流扩散方程更为合理，浓度对流方程体现的是物质随流体一起运动产生的浓度变化。如果流体静止，浓度不随时间变化，可以得到零水体交换的结论。

第三章

三维非定常海水交换与自净能力的计算模型

3.1　引言

一片特定海域的海水自净，是指海水受到污染后，水体逐渐从污染状态变回洁净状态的过程。水体自净的过程比较复杂，且影响因素很多，本书只考虑污染物对流、扩散两个物理因素。一片特定海域的自净能力强，说明该海域环境容量大、有一定的环境承载力，环境管理的力度可以适当放宽，把有限的人力、财力投入其他更重要的建设中。反之，如果自净能力弱，说明该海域环境脆弱，一旦发生污染事故，应急处置不及时，势必造成严重影响。因此，必须做好应急预案，合理配备应急设备与物资。

海水交换是自净力重要的物理过程，主要是对流作用所造成的结果。一般而言，海水交换能力强，则自净能力也强。因此，人们往往更多关注的是海水交换能力。

海水交换研究的主体是海水水质点，而自净能力的主体则针对特定污染物，为了实现海水交换能力与自净能力计算的准确性和有效性，不但要掌握分析水质点运动的过程，还要对污染物进入海水后的迁移、扩散过程进行研究。本章在第二章厘清了海水交换与自净能力基本概念、基本算法的基础上，建立了完整的三维非定常海水交换及自净能力的计算模型，并对简单的算例给出具体计算方法，为计算普兰店湾综合整治前后的海水交换、自净能力奠定了可靠、坚实的基础。

3.2　三维非定常海水交换能力的计算模型

一般的海水运动都是处于三维空间、随时间变化的三维非定常运动，第二章为便于厘清概念，以定常二维的涡流函数方程及算例展开，其算法不适合三维非定常的情况。因此，有必要针对一般情况建立三维非定常的海水交换计算模型。

3.2.1　三维非定常海水交换率的计算

在第二章，我们定义了水体交换率 γ 、水体平均交换时间 $\bar{\tau}$ 以及水体最大交换时间 τ 。对于定常问题，以上各个量的计算非常明确、简单。而对于非定常问题，被交换至水域外的水体质量是随时间变化的，因此水体交换率 γ 是随时间变化的。相对而言，已经得到了水体交换率随时间的变化，则水体平均交换时间 $\bar{\tau}$

以及水体最大交换时间 τ 的意义就不大了。因此，对于非定常问题，我们只关心随时间变化的水体交换率。

对于三维问题，由于流函数普遍不存在，通过涡流函数方程得到流线进而计算水体交换率比较困难，因此需要采用水深平均的三维海水动力方程计算出流体运动速度，进而计算流体质点的运动轨迹，得到每一时刻留在域内的质点数。如此可得到每一时刻的水体交换率，具体计算如下。

设需要计算水体交换率的目标水域的海水总质量为 M ，初始时在该目标水域均匀地分布 n 个质点，则每个质点代表的海水质量为 $\frac{M}{n}$ 。在 t 时刻，潮流场速度 $\vec{U}_t$ 已知，通过时间二阶精度的数值方法求解水动力方程，得到 $t+\mathrm{d}t$ 时刻的潮流场速度 $\vec{U}_{t+\mathrm{d}t}$ ，则 $t+\mathrm{d}t$ 时刻的质点位置为 $\vec{X}_{t+\mathrm{d}t}=\vec{X}_t+\frac{1}{2}(\vec{U}_t+\vec{U}_{t+\mathrm{d}t})\cdot\mathrm{d}t$ 。得到了 $t+\mathrm{d}t$ 时刻质点的位置，即可得知计算区域内剩余的质点数 n_s ，从而计算出海水交换率为

$$\gamma=\frac{M-\frac{M}{n}\cdot n_s}{M}=1-\frac{n_s}{n} \tag{3.1}$$

大部分文献（如王丽娜等[54]、刘博[55]）在利用质点法计算海水交换率时，对质点位置的计算都会加上随机走动产生的位置变化项，本质上加上这一项就是用质点法对浓度对流扩散方程的数值求解，只能计算自净率。

3.2.2 三维非定常海水动力场的计算

基于粒子追踪法的海水交换率计算需要三维非定常海水的潮流场，由于海洋的水平尺度要远大于垂向尺度，垂向运动及其变化要小于水平方向，海水动力场可以用沿水深方向的平均流动量来表示，采用的是不可压缩流体、水深平均的浅水方程。本章的目的是给出解决实际非定常三维海水交换率及自净率的计算方法，并通过算例展示其效果。为节省计算时间，忽略方程中的非线性及黏性等项，其方程如下：

$$\frac{\partial\xi}{\partial t}+\frac{\partial(hu)}{\partial x}+\frac{\partial(hv)}{\partial y}=0 \tag{3.2}$$

$$\frac{\partial u}{\partial t}=-g\frac{\partial\xi}{\partial x}+fv \tag{3.3}$$

$$\frac{\partial v}{\partial t}=-g\frac{\partial \xi}{\partial y}-fu \tag{3.4}$$

式中，u 、v 为铅垂向平均的水平速度，f 为科氏力系数。尽管上述方程形式上是二维的，但在求解上述方程得到 u 、v 后，可由其进一步得到三维的各项物理量。

3.3　三维非定常海水自净能力的计算模型

海水自净能力的研究主体为特定污染物，污染物在海水中迁移转化的物理过程主要有对流作用、扩散。对流作用是指污染物因海水的运动从一个区域被带到另一个区域，而分子扩散是指由分子的随机热运动引起质点分散的现象，存在于污染物运动的任一时刻。

3.3.1　海洋污染物迁移的基本方程

水深平均的非定常浓度对流扩散方程为

$$\frac{\partial C}{\partial t}=\frac{\partial}{\partial x}\left(D_x\frac{\partial C}{\partial x}\right)+\frac{\partial}{\partial y}\left(D_y\frac{\partial C}{\partial y}\right)-u\frac{\partial C}{\partial x}-v\frac{\partial C}{\partial y} \tag{3.5}$$

式中，C 为污染物在 t 时刻位置 (x,y) 处的浓度，D_x 、D_y 为水深平均后的扩散系数。

3.3.2　三维非定常海水自净率的计算

海水自净率需要指定特定污染物，因此可以通过浓度扩散方程，计算得出污染物扩散区域和浓度范围，进而得出海水自净率。具体计算如下。

初始时，设所关心目标水域污染物浓度为 C_0，目标水域的体积为 V_0，则污染物质的质量 $M_0=C_0V_0$，目标水域外的其余区域污染物的浓度为 0。在 t 时刻各物理量已知的前提下，通过数值求解方程(3.2)～方程(3.5)，可得到 $t+\mathrm{d}t$ 时刻的浓度分布，在目标水域对浓度进行积分，可得到目标水域的污染物质量为 M_t ，则可以计算出 $t+\mathrm{d}t$ 时刻的海水自净率：

$$\delta=\frac{M_0-M_t}{M_0} \tag{3.6}$$

3.4 算例

3.4.1 算例的简化模型

为了进一步说明非定常三维问题的海水交换与自净能力的计算，本节对2.3节的情况简化后进行模拟计算。设定计算区域可以看作港池或者复杂岸线边界的简化状况，计算区域见图3.1，边长和水深设置如下。

$AB = GH = CD = EF = BC = FG = 50$ m，$DE = 100$ m，$AH = 200$ m，水深为1 m。

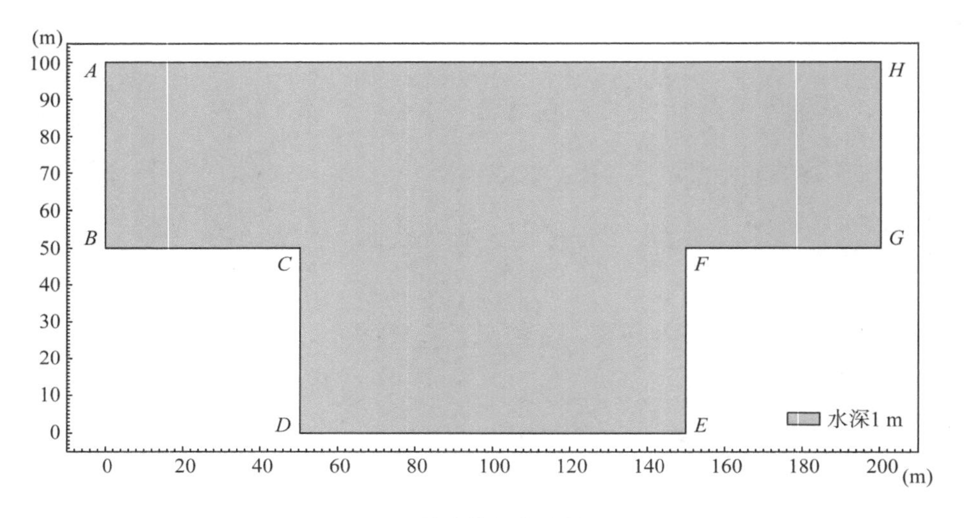

图3.1 基本算例的计算区域

3.4.2 网格设置和边界输入

模型计算模拟区域为对称扁T形，AB、AH和GH段设置为开边界，BC、CD、DE、EF、FG段设置为陆地边界，设AB、GH和AH分别给定速度为1 m/s。数值计算网格采用非结构三角形网格，在计算区域内几近平均分布。整个计算区域的节点数为645，单元数为1 163(见图3.2)。采用有限体积法将浅水方程及浓度方程离散并进行数值求解。

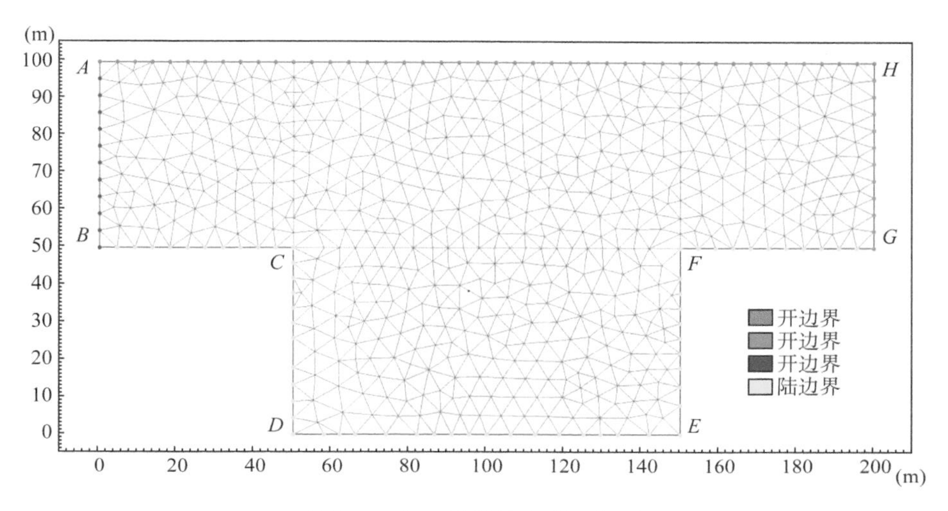

图 3.2　基本算例的计算网格图

3.4.3　初边值条件及参数设置

为说明非定常问题的计算，只考虑简单的流动。设初始流速为零，开边界流速为 1 m/s，岸边界流速为零。水动力模型计算时间步长根据 CFL 条件进行动态调整，确保模型计算稳定进行，时间步长设为 0.1 s，科氏力系数 f 取 0.1。

3.4.4　流场模拟

时间步长设置为 0.1 s，共计算 10^5 步，故整个模拟时间为 10^4 s，即 2 h 46 min 40 s。输出结果设为每 120 步记录一次，相当于每 12 s 记录一次，共记录下 833 个流场结果。通过对输出结果动态视频的观察，选取了几个具有代表性的特征时刻，见图 3.3。为方便表述，将记录结果的时间步长用 Δrt 表示，即 $\Delta rt=12$ s。可以看出，整个流场大概经历了以下几个过程：

(1) 在最初的 3 min 48 s 内，从 $\Delta rt=0$ 到 $\Delta rt=19$(见图 3.3，其中：矢量线代表速度矢量，颜色图标代表速度绝对值)，由于初始开边界流速的驱动，上部流速的冲击迫使下部流速的变化是明显且剧烈的。$CDEF$ 区域从初始设置的 0 m/s 变成 y 方向的分层。由上往下逐步带动，使得下部流速逐渐增加。随着时间的推移，上部流速逐渐趋于 1 m/s，下部的流场由于上部流速的驱使，从 CD 左上角形成的涡流也逐渐向右侧推移。

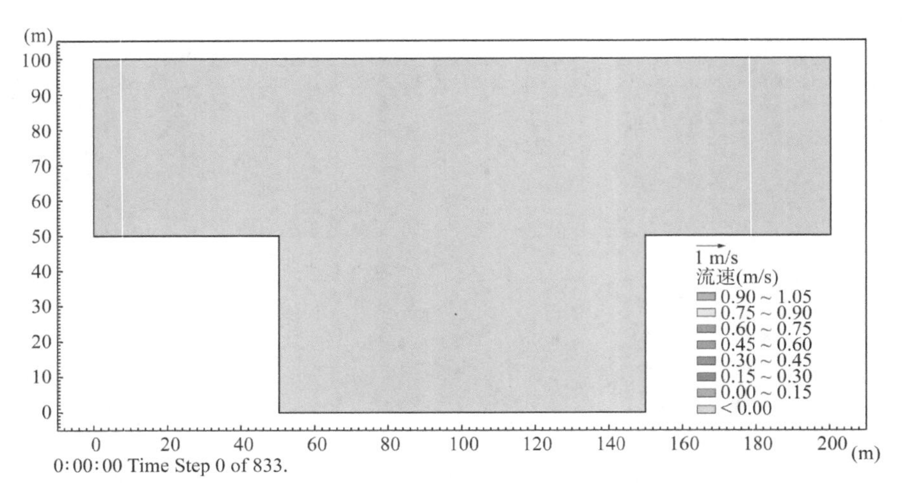
(m)
1 m/s
流速(m/s)
0.90 ~ 1.05
0.75 ~ 0.90
0.60 ~ 0.75
0.45 ~ 0.60
0.30 ~ 0.45
0.15 ~ 0.30
0.00 ~ 0.15
< 0.00
0:00:00 Time Step 0 of 833.

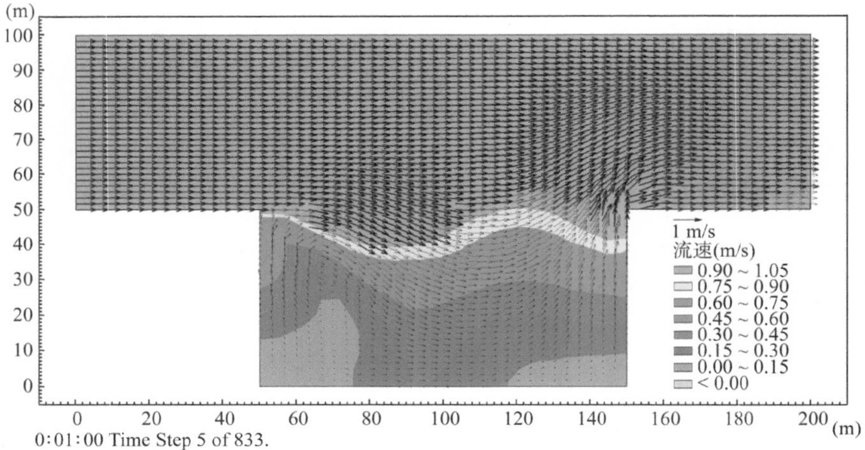
(m)
1 m/s
流速(m/s)
0.90 ~ 1.05
0.75 ~ 0.90
0.60 ~ 0.75
0.45 ~ 0.60
0.30 ~ 0.45
0.15 ~ 0.30
0.00 ~ 0.15
< 0.00
0:01:00 Time Step 5 of 833.

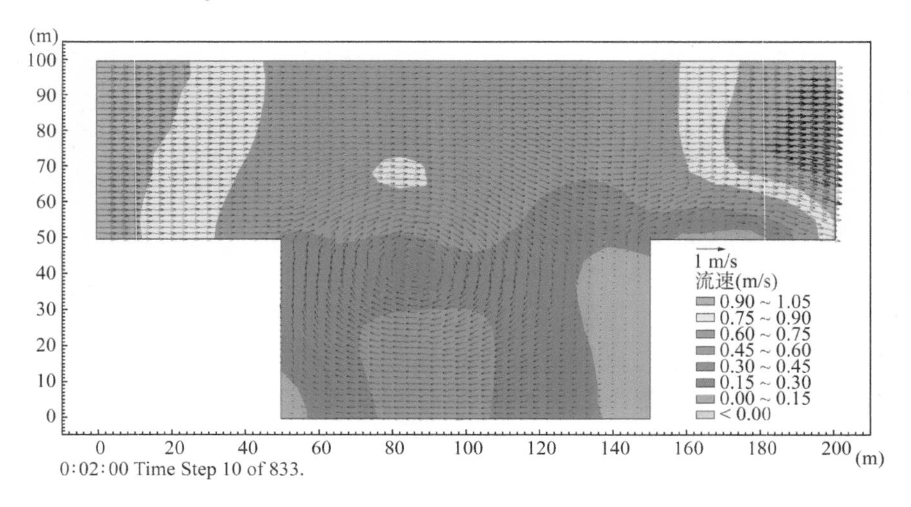
(m)
1 m/s
流速(m/s)
0.90 ~ 1.05
0.75 ~ 0.90
0.60 ~ 0.75
0.45 ~ 0.60
0.30 ~ 0.45
0.15 ~ 0.30
0.00 ~ 0.15
< 0.00
0:02:00 Time Step 10 of 833.

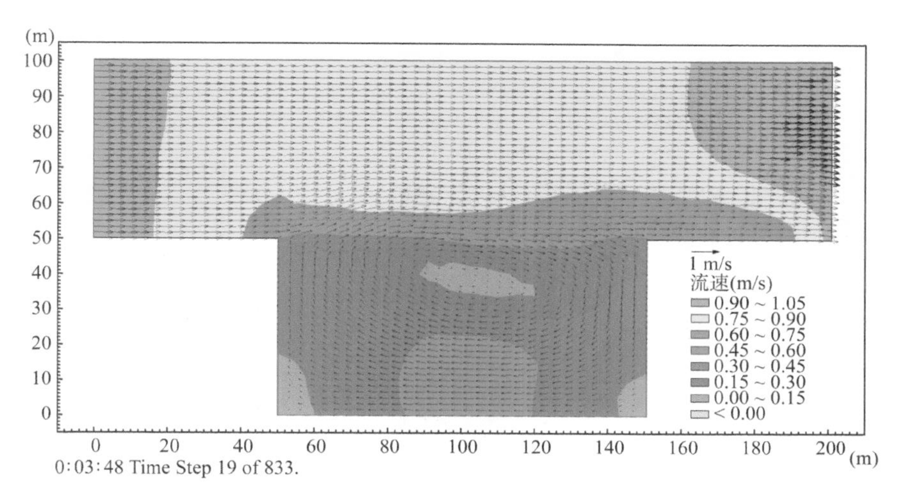
(m)
100
90
80
70
60
50
40
30
20
10
0
0
20
40
60
80
100
120
140
160
180
200
(m)
1 m/s
流速(m/s)
0.90 ~ 1.05
0.75 ~ 0.90
0.60 ~ 0.75
0.45 ~ 0.60
0.30 ~ 0.45
0.15 ~ 0.30
0.00 ~ 0.15
< 0.00
0:03:48 Time Step 19 of 833.

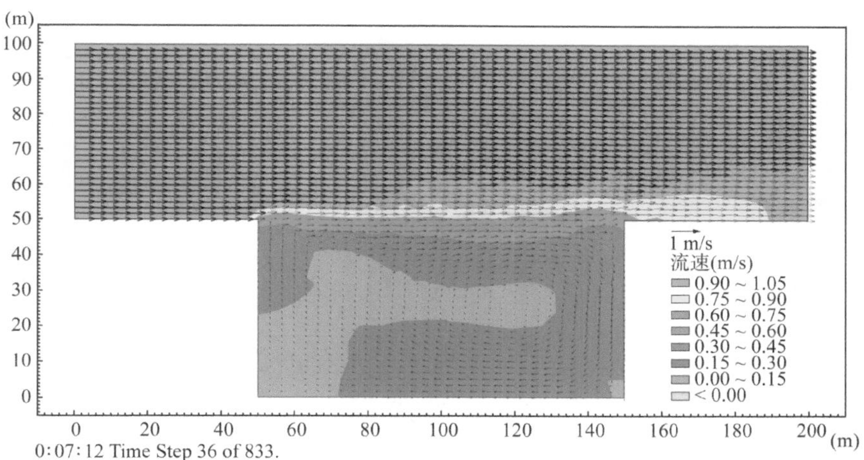
(m)
100
90
80
70
60
50
40
30
20
10
0
0
20
40
60
80
100
120
140
160
180
200
(m)
1 m/s
流速(m/s)
0.90 ~ 1.05
0.75 ~ 0.90
0.60 ~ 0.75
0.45 ~ 0.60
0.30 ~ 0.45
0.15 ~ 0.30
0.00 ~ 0.15
< 0.00
0:07:12 Time Step 36 of 833.

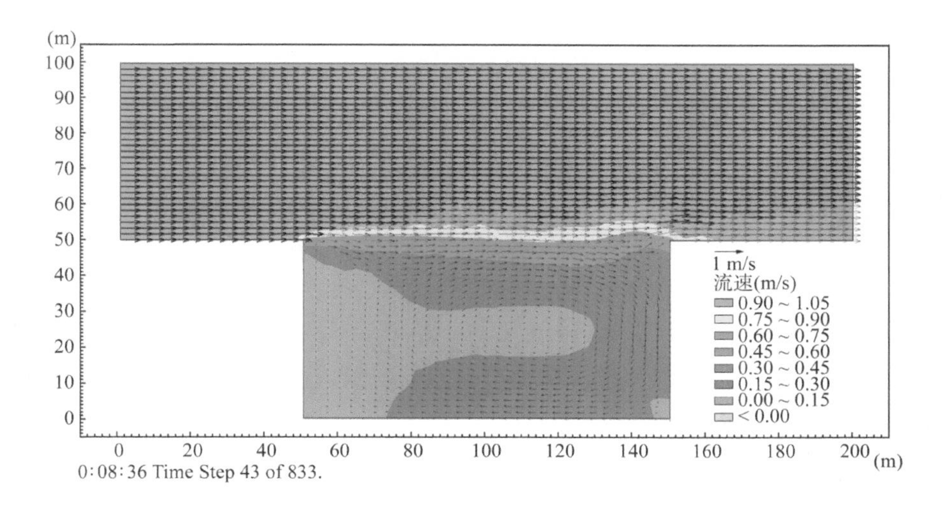
(m)
100
90
80
70
60
50
40
30
20
10
0
0
20
40
60
80
100
120
140
160
180
200
(m)
1 m/s
流速(m/s)
0.90 ~ 1.05
0.75 ~ 0.90
0.60 ~ 0.75
0.45 ~ 0.60
0.30 ~ 0.45
0.15 ~ 0.30
0.00 ~ 0.15
< 0.00
0:08:36 Time Step 43 of 833.

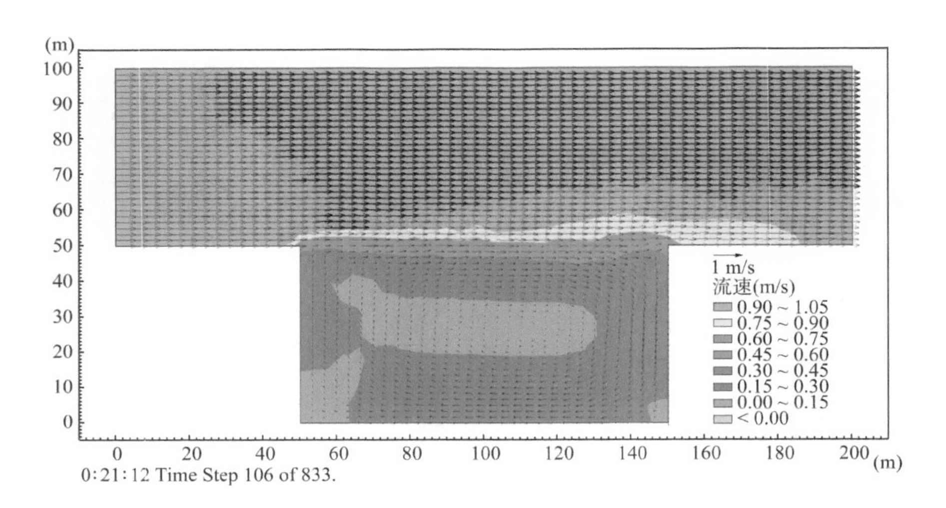

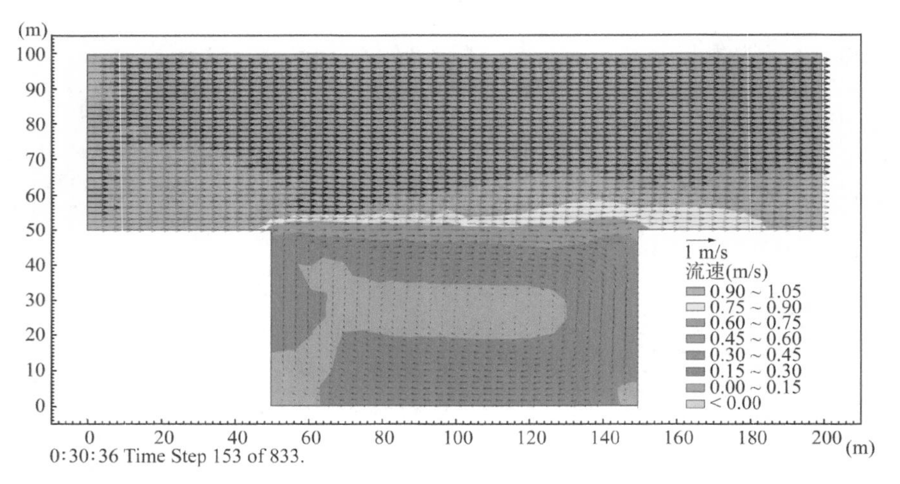

图 3.3 基本算例的典型时刻流场矢量图

(2) 从 $\Delta rt=19$ 到 $\Delta rt=43$，*ABGH* 区域的流速基本保持在 1 m/s，*CDEF* 区域形成的涡流在过了对称线后，位置继续向右，但移动的距离不大，且从对称线到右偏点水平往复。从整个区域来看，上部区域几乎达到稳态，下部区域虽然存在涡流，但其中心位置还在变化。

(3) 从 $\Delta rt=153$ 起，整个流场历时 30 min 36 s 达到稳态，区域任意一点的流速几乎不再变化，*CDEF* 区域除了与上部相邻处速度较大外，流速主要在 0.04～0.30 m/s 范围内，其中下部中心区域几乎保持在 0.1 m/s 以内。

3.4.5　海水交换能力的数值模拟

设 $CDEF$ 区域为目标海域，初始在目标海域均匀布置 382 个示踪的水质点。采用本章 3.2.1 提出的质点跟踪方法计算该目标海域的海水交换率。

图 3.4 为海水交换率随时间的变化，其中的横坐标代表的是每隔 12 s 记录一次的记录次数 n ，对应的时间为 12 s× n 。流动初期，上部流速的带动使得目标海域内的水质点与外界交换，随着时间的推移，海水交换率逐渐增加。当整个流场趋于稳定，目标海域也就形成了稳定的涡流，其中的水质点再也交换不出去了，海水交换率也趋近于 0.57。

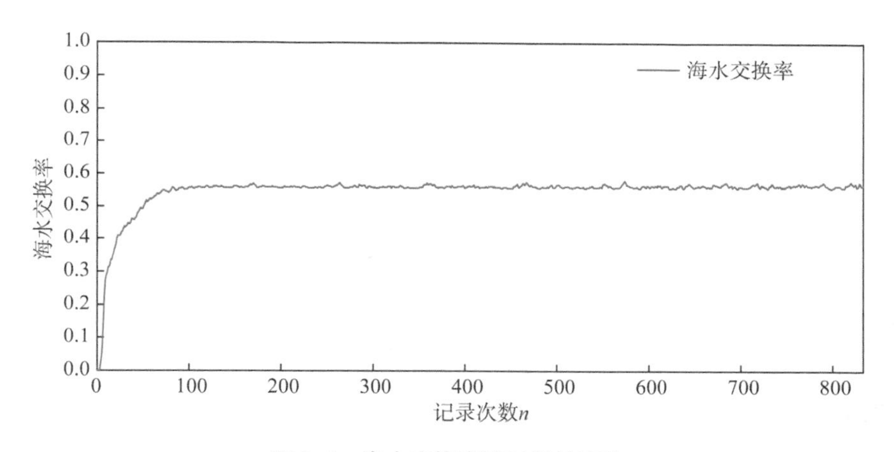

图 3.4　海水交换率随时间的变化

图 3.5 给出质点分布随时间的变化，整体上与图 3.3 流场的变化相一致，分析如下：

(1) 在最初的 48 s 内，上部流速的驱动使得下部的水质点跟随流速变化移动。左方 AB 段流速的输入使得 $CDEF$ 区域由左向右移动，由于时间间隔较短，下部的质点移动量较小，EF 处有粒子由于边界阻挡而从 FG 面流出。质点整体变化趋势是逐渐向右推移。

(2) 从 48 s 到 1 min 36 s 内，上部持续的流速使得 $ABGH$ 区域继续向右推动，一部分粒子随着流速被带动到 $ABGH$ 区域外。

(3) 从 1 min 36 s 到 6 min 36 s 内，目标海域形成的涡流逐渐稳定，流出 $ABGH$ 的粒子数越来越少，下部水域的涡流逐渐达到稳态。

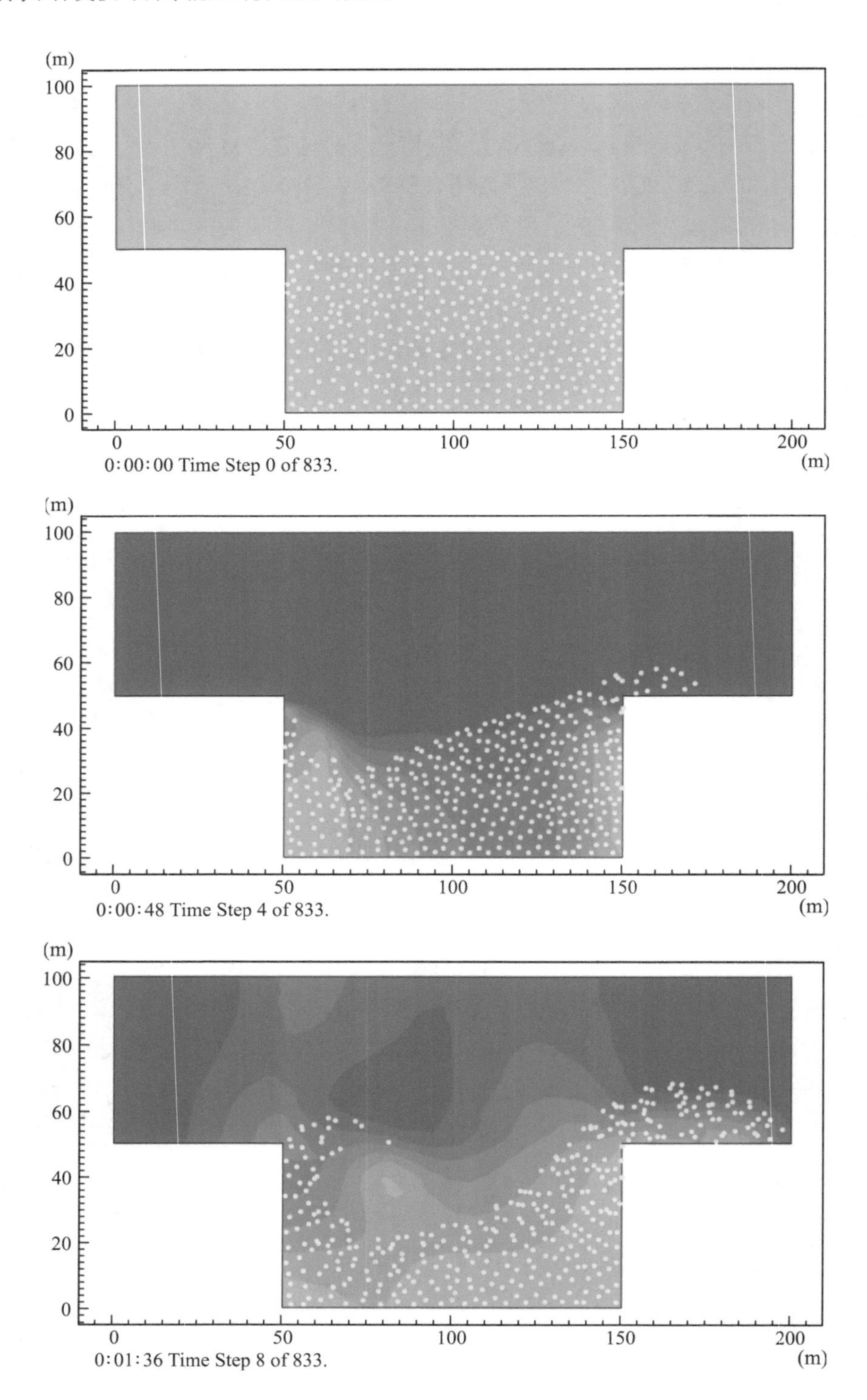
(m)
100
80
60
40
20
0
0
50
100
150
200
(m)
0:00:00 Time Step 0 of 833.
(m)
100
80
60
40
20
0
0
50
100
150
200
(m)
0:00:48 Time Step 4 of 833.
(m)
100
80
60
40
20
0
0
50
100
150
200
(m)
0:01:36 Time Step 8 of 833.

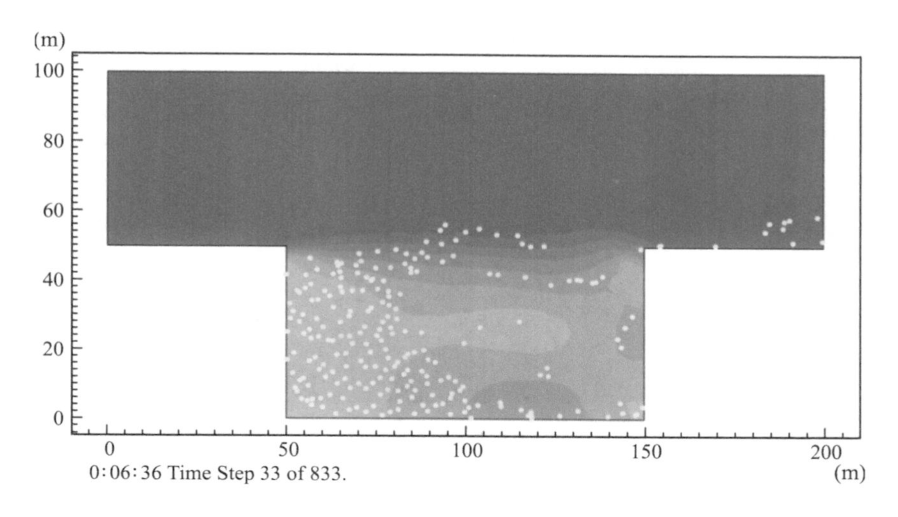

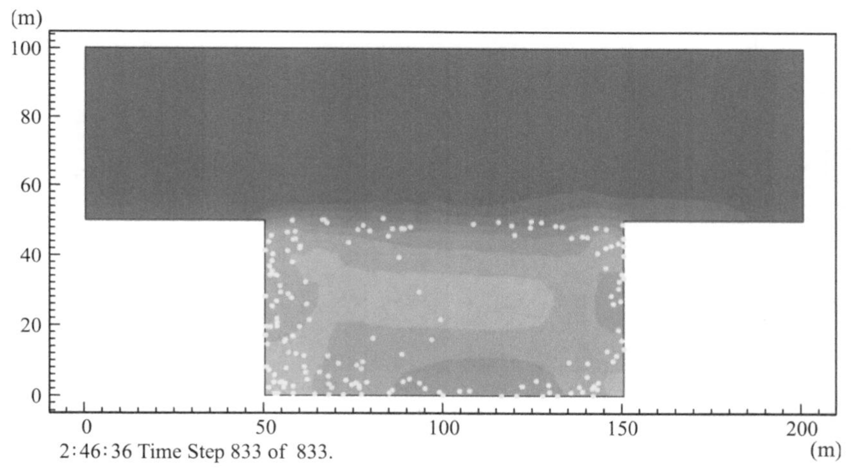

图 3.5 水质点分布随时间的变化

(4) 从 6 min 36 s 开始，由于涡流区域趋于稳定，随流场流出的粒子越来越少，直到 23 min 48 s 达到稳态，目标海域的水质点随着涡流仅在该区域移动，流向外区的粒子数为 0。

3.4.6 海水自净能力的数值模拟

开边界浓度设为零，岸边界浓度法向导数为零。在初始时刻将目标海域 *CDEF* 的浓度设为 1，其他区域浓度为零，见图 3.6。数值计算式(3.5)得到随时间变化的浓度场，时间步长仍然为 0.1 s，共计算 10^5 步，即 2 h 46 min 40 s。

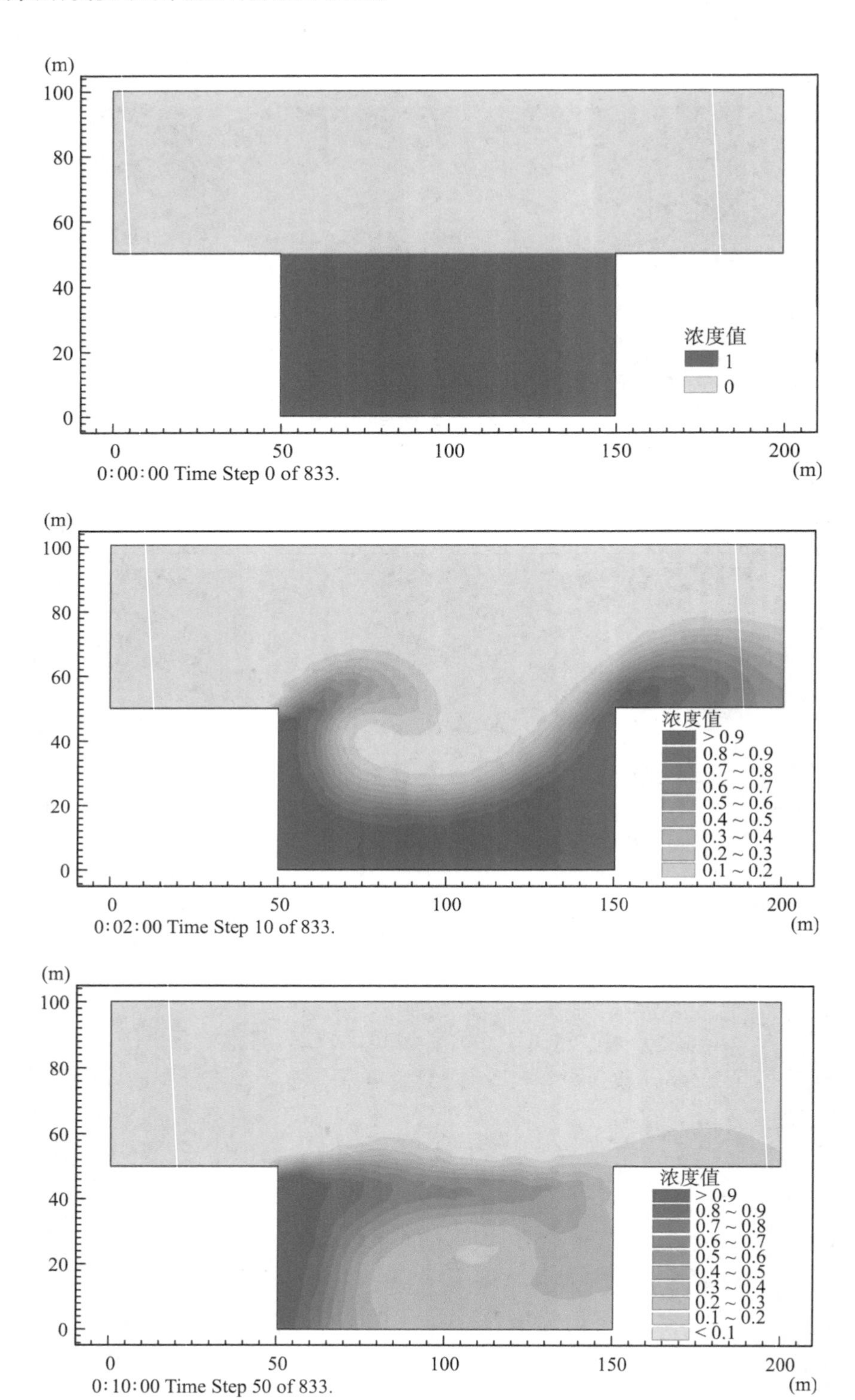
(m)
100
80
60
40
20
0
0
50
100
150
200
(m)
0:00:00 Time Step 0 of 833.
浓度值
1
0
0:02:00 Time Step 10 of 833.
浓度值
> 0.9
0.8 ~ 0.9
0.7 ~ 0.8
0.6 ~ 0.7
0.5 ~ 0.6
0.4 ~ 0.5
0.3 ~ 0.4
0.2 ~ 0.3
0.1 ~ 0.2
0:10:00 Time Step 50 of 833.
< 0.1

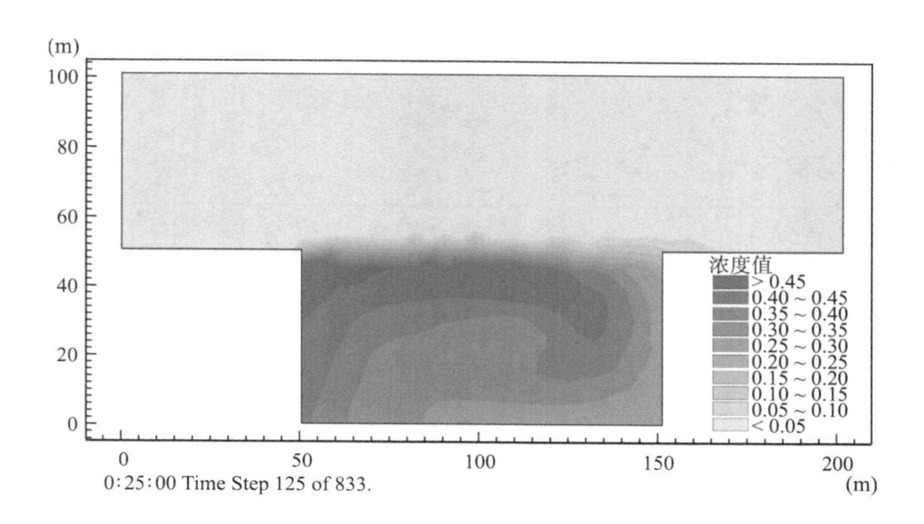

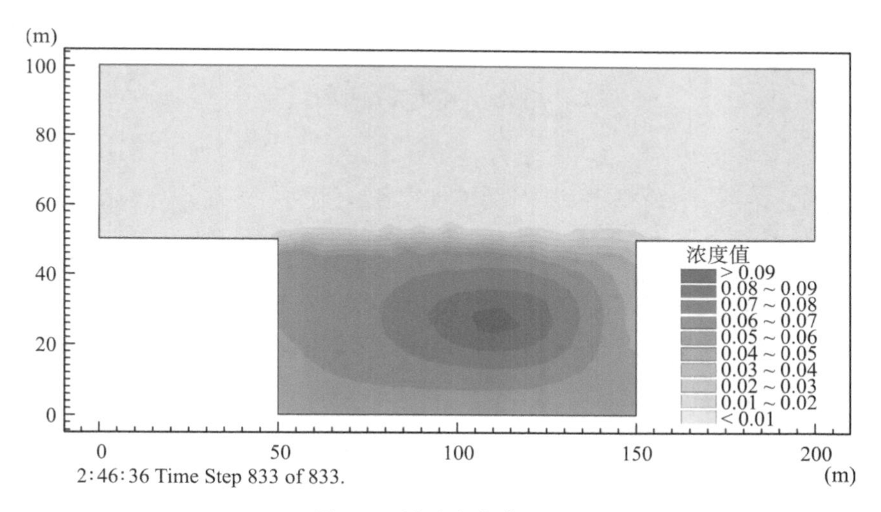

图 3.6　浓度变化范围图

输出结果设为每 120 步记录一次，相当于每 12 s 记录一次，共记录了 833 个数据。图 3.6 给出了其中的几幅浓度变化范围图。

图 3.6 结果表明，尽管在目标海域有涡流存在，但由于扩散的作用，浓度减小的幅度是非常显著的，计算至 2 h 46 min 36 s，目标海域的最大浓度已经降至 0.09。如果继续计算，最大浓度值会继续减小直至为零。

由式(3.6)计算得出目标海域的自净率随时间的变化见图 3.7，其中的横坐标代表的是每隔 12 s 记录一次的记录次数 n，对应的时间为 12 s×n。

对于非定常水域的自净能力，可以通过定义自净率达到某一值的时间来表示，比如定义自净率达到 0.8 的时间代表自净能力，则这个时间越小，表明该水域的自净能力越强。

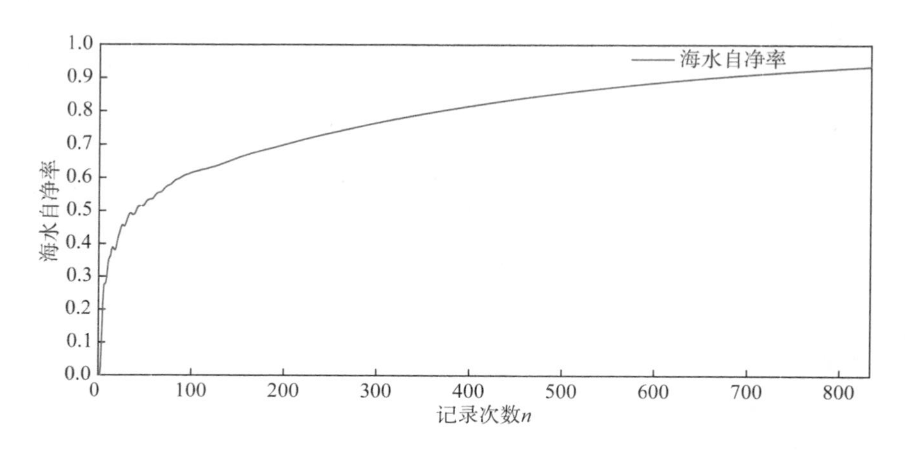

图 3.7　海水自净率随时间的变化

3.4.7　海水交换能力与自净能力的比较

算例的水体交换率和水体自净率的比较见图 3.8。可以看出，在污染区域形成的涡流还未达到稳定前，两者计算得出的数值比较相近。但达到稳定后，由于交换率的计算是基于粒子追踪法，只是随着流场的运动而变化，交换率从达到稳态后趋近于 0.57。而自净率的计算是基于浓度，由于上部水域持续流动，且未遭受污染，而产生浓度梯度促使下部水域的污染物向清洁水域扩散，并随水流被带至计算域外。自净率在模拟时间结束时已经达到 0.93，且按该趋势继续计算下去，自净率会达到 1，即所有污染物全部会被带至计算域外。但这个过程持续的时间将会很长，因此有必要对自净能力下定义：以自净率达到某一值的时间来表示自净能力。比如定义自净率达到 0.8 的时间代表自净能力，则这个时间越小，表明该水域的自净能力越强。

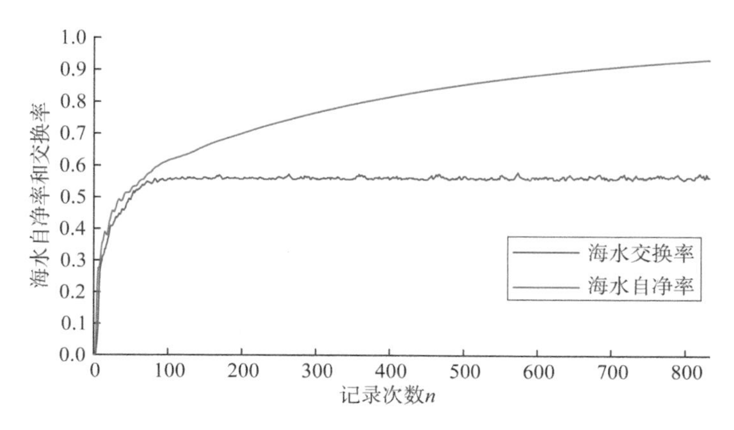

图 3.8　海水自净率和交换率

3.5　本章小结

本章提出了非定常三维海域的海水交换率及自净率的计算方法，在数值求解水深平均的浅水方程基础上，采用不含随机走动的粒子追踪法来计算海水交换率，而通过水深平均的浓度扩散方程计算自净率。以一个简单的港池海域作为算例，数值计算了该港池的海水交换率、自净率随时间的变化。结果表明，本书提出的非定常三维海水交换率及自净率计算方法是合理的。

第四章

普兰店湾的资源环境与开发概况

4.1　引言

海湾是沿海地区社会经济发展的重要自然资源，海洋便捷的运输业促进了沿海以及与之毗邻的内陆地区的经济发展，是人类开发海洋、发展海洋经济的重点区域。海洋产业在国民经济中所占的比重越来越高，渔业生产养殖、临港工业发展、港口开发建设、海洋活动娱乐等海洋开发活动也大多集中在此。陆海交汇的近岸区水动力要素非常复杂，潮汐、淡水径流等动力因素相互影响、共同作用，再加上经济需求使得海洋开发工程密集频繁，导致海湾近岸区域的生态环境极其脆弱。海域岸线的限制和岛屿的遮挡，再加上筑堤建坝、填海造地、围海养殖等人为开发利用活动的影响，使得海域内水域面积相应减少，而海湾的潮流、波浪能量也相应降低，海湾的水动力环境和地貌环境也相应改变。此外，人类活动带来的生活污水、工业废水、船舶污水的排放也使海洋环境恶化，从而引起海洋生态系统结构的改变。陆源污染物的排放以及海上船舶溢油事件的增加除了给海洋带来污染，也会给渔业和养殖业带来不可弥补的损害，甚至会威胁到沿海居民的食品安全。因此，了解、掌握用海区域的资源环境与开发概况，在此基础上对区域的海水交换能力和自净能力进行分析从而能够为海域环境的管理提供参考，保证海湾开发和利用的合理性及有效性，也有利于促进海洋环境和沿海经济的协调发展。

本章介绍了普兰店湾的地理区位、自然条件、社会经济及其资源特征，对普兰店海域目前的用海类型进行分析以及基于海岸开发的现状对海洋环境受到的影响进行阐述和分析，最后归纳总结目前普兰店湾近岸海域存在的主要环境问题，为之后有关普兰店湾综合整治前后海水交换能力和自净能力研究的相关章节打下基础。

4.2　自然环境与经济概况

(1) 地理区位

普兰店湾位于辽东半岛西侧，金州西北 20 km 的渤海水域[67]。海湾呈三角形，湾口朝向西南，面积为 530 km^2，滩涂面积为 208 km^2，礁岛面积为 9.2 km^2。水深变化较复杂，湾口水深 4.5～6.5 m，南浅北深。由湾顶沿东北—西南河流入海方向有深水沟分布，个别地段水深超过 10 m。该湾为基岩、淤泥质岸上的一个原生湾，岸线长 193 km，湾内多岛屿。

普兰店湾主要位于大连普湾新区，见示意图 4.1。普湾新区北临瓦房店市，南接金州新区、保税区，西临渤海，地处大连市域几何中心，是未来大连城市发展的重要区域。普湾新区[68]会同大连中心城区、周边城市组团及北部产业组群形成网格化协作发展，进而成为大连市经济的第二增长引擎。双引擎的态势将发挥集群带动效应，提升城市价值，辐射东北区域。

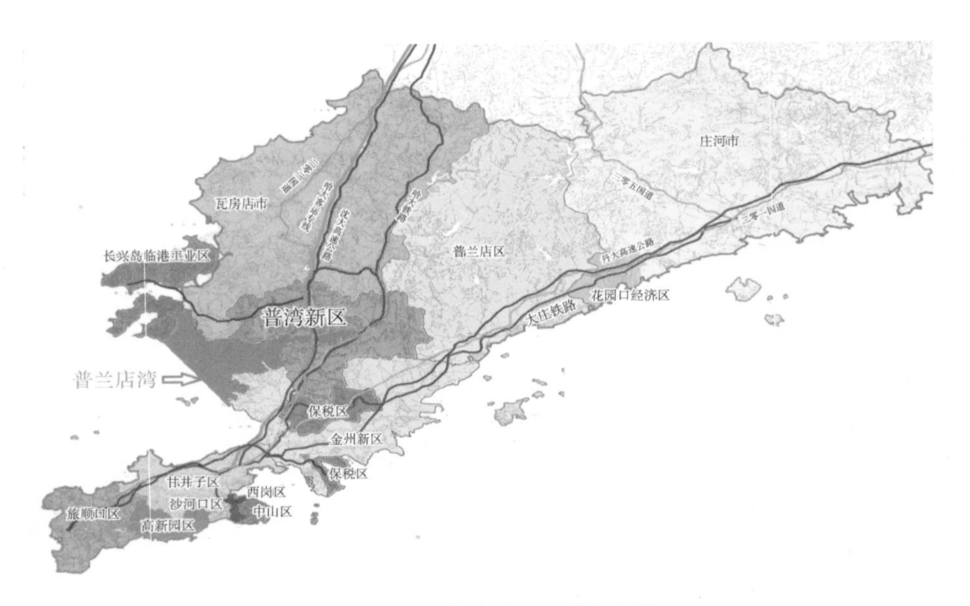

图 4.1　普兰店湾地理位置示意图

（2）自然地理

普兰店湾具有河口溺谷型的海湾特征，海湾地貌类型为水下浅滩，湾内礁、坨星罗棋布，深水槽与浅滩交替出现。空坨子至线麻坨子外的湾口地区水深变化不大，水下地形较简单。空坨子至线麻坨子以内呈葫芦状，南北两侧为潮间浅滩，中间为深水槽，坡度较大。黄嘴子与簸箕岛北端构成嵌形之势，水流湍急，形成普兰店湾的咽喉。普兰店湾内沉积物类型主要有砂质粉砂、黏土质粉砂、细砂、砂-粉砂-黏土，沉积物粒度从北滩至南滩、由湾口至湾内由粗变细，沉积物物源主要是沿岸第四纪松散沉积物，这为淤泥质滩涂的发育创造了条件。湾内水深较浅，一般小于 5 m。

普兰店湾位于欧亚大陆和太平洋之间的中纬度地带季风区，地处渤海东岸，属暖温带半湿润季风气候。气候温和，光照充足，四季分明，雨热同季，年平均气温 10.5℃，年降水量 550～950 mm，全年日照总时数为 2 500～2 800 h。年均霜日 97.7 天，主要集中在 11 月至翌年 3 月间。区内年均降水量 644.0 mm，多分布在夏季。风向以北为主，年均风速 4.2 m/s。

湾内春季平均水温为 11.0℃，夏季平均水温为 25.7℃。海流以潮流为主，介于正规半日潮和非正规半日潮之间，既有旋转流，也有往复流，涨潮流流向 NNW，平均最大流速 35 cm/s，落潮流流向 SSE，平均最大潮流流速可达 77 cm/s，余流较小，最大为 7 cm/s 左右，指向一般向湾内。湾内平均潮差 1.45 m，最大潮差 2.73 m，平均波高范围为 0.1～0.4 m。可见风、潮、浪对于海湾的影响不大。

区域周边出露地层有元古界细河群、五行山群、金县群，古生界寒武系、奥陶系、石炭系，新生界第四系地层。区内褶皱构造较发育，常有向斜、背斜连续出现。褶皱轴向基本为北西，翼部倾角一般不陡，构成北西向的褶皱系，受后期北东断裂干扰破坏，该褶皱系被支解或扭曲变形，主要有谢屯背斜和复州湾背斜。区内断裂构造也十分发育，主要有北北东、北东及北西向，断层表现突出，不仅数目多而且延伸远、切割深。

普兰店湾水下地形属于水下浅滩地貌类型。该湾具有河口型的海湾特征，故水下地形较为复杂。整个水下地形表现为南北两侧均向深水槽倾斜，且坡度较大，北侧由 2×10^{-3} 增大至 5×10^{-3}，南侧为 2×10^{-3} 左右。贝壳滩和水下堤将湾内水域分成南北两侧深水槽。湾内礁石和坨子星罗棋布，深水槽与浅滩交替出现。

该区域潮汐属于不正规半日潮，其中太阴半日分潮为优势分潮，其振幅为 64 cm。波浪以风浪为主，波高普遍较小，一般在 0.5 m 左右，常浪向为 NNE 和 W 向，NNE 浪向为强浪向。海流以潮流为主，介于正规和非正规半日潮之间，半日潮流占主导地位。该区海冰一般出现在 12 月中旬，翌年 2 月下旬海冰逐渐消失，总冰期在 3 个月左右，海冰的厚度最大可达到 60 cm。

区内灾害性天气主要有台风、寒潮、暴风和雹灾等，对港口、渔业和盐业设施，以及航运和渔业生产等都会造成相当大的损害。每年频率不大的 W 和 SW 向风可使外海涌浪进入湾内，对各项工程设施可能会产生一定危害。

(3) 海洋环境质量

普兰店湾海水环境主要受湾内养殖面状排污的影响，加之湾内水域逼仄，水交换缓慢，故海水污染状况较为明显。从 2001—2006 年的监测结果看，湾内普遍为超三类水质，COD、磷酸盐和石油类是三类主要的污染物质，见表 4.1。从水质污染状况来看，普兰店湾目前的海洋环境已经不适合发展海洋养殖业。相对水质而言，普兰店湾近岸海域沉积物质量状况总体良好，其中汞、砷、铅、镉、六六六和多氯联苯等均符合一类海洋沉积物质量标准。

表 4.1　普兰店湾 2001—2006 年水质监测表

参数	2001 年	2002 年	2003 年	2004 年	2005 年	2006 年
COD(mg/L)	1.96	1.52	1.56	2.02	1.94	2.46
磷酸盐(mg/L)	0.02	0.02	0.019	0.019	0.018	0.019
石油类(mg/L)	0.027	0.036	0.027	0.049	0.033	0.039

根据国家海洋局发布的《2014 年中国海洋环境状况公报》[69]，我国近岸部分海域的海水环境污染严重，春、夏、秋三季劣于第四类海水水质标准的海域面积分别为 52 280 km^2、41 140 km^2 和 57 360 km^2。

重点监测的 44 个海湾中有 20 个海湾春、夏、秋三季均出现劣于第四类海水水质标准的海域，见表 4.2，主要污染要素为无机氮、活性磷酸盐、石油类和化学需氧量。其中，普兰店湾面积为 305 km^2，其在 2014 年春季的水质评价结果显示，一类水质海域和二类水质海域占海湾总面积的比例为 0，三类水质海域比例只有 0.4%，四类水质海域和劣四类水质海域分别为 34.5%和 65.1%。夏季水质评价结果显示水质环境有所改善，一类水质海域面积占比为 31.3%，劣四类水质海域比例降为 45.0%。秋季水质环境质量又开始下降，但优于春季，二类水质海域为 31.7%，劣四类水质海域为 49.6%。

(4) 社会经济概况

"国家级新区"[70]是由国务院批复，依托现有城区建立的城市新区，依托的城市一般是具有影响力的核心城市，通常会在行政等级上高配，为了能将资源调动起来，战略性地影响和辐射周边区域，强调综合的开放、创新、改革、示范作用。我国自 1992 年批复了浦东新区以来，现共有 19 个国家级新区。大连金普新区是于 2014 年批复的，意图带动东北老工业基地振兴并促进辽宁沿海经济带的发展。

2014 年 7 月 12 日，国家发展改革委发布了关于印发大连金普新区总体方案的通知[71]，将普湾城区作为"双核"重点发展区，提出要加快基础设施和公共服务设施建设，完善城市综合功能，大力发展总部经济、研发创新、高端医疗、高水平职业教育，将其建设成为便捷高效的行政办公、生活服务、文化教育中心和生态宜居的城市综合服务核心区。同时也将近期重点放在推进普兰店湾沿岸地带的开发建设上，按照主体功能区规划、海洋功能区划和大连市城市总体规划、土地利用总体规划要求，还要根据新区资源环境承载力、现实基础和发展潜力，科学安排空间开发时序和建设重点。

表 4.2　2014 年重点海湾海水质量状况

序号	海湾	海湾面积(km^2)	春季　水质评价结果（占海湾总面积的比例）(%)					夏季　水质评价结果（占海湾总面积的比例）(%)					秋季　水质评价结果（占海湾总面积的比例）(%)				
			一类水质海域	二类水质海域	三类水质海域	四类水质海域	劣四类水质海域	一类水质海域	二类水质海域	三类水质海域	四类水质海域	劣四类水质海域	一类水质海域	二类水质海域	三类水质海域	四类水质海域	劣四类水质海域
1	辽东湾	17 413	20.3	27.4	19.5	11.0	21.8	52.1	10.1	9.1	7.4	21.3	5.1	52.6	7.1	7.2	28.0
2	渤海湾	12 374	29.7	48.1	8.2	6.8	7.2	41.4	13.9	23.1	15.1	6.5	23.1	47.5	21.3	6.5	1.6
3	普兰店湾	305	0.0	0.0	0.4	34.5	65.1	31.3	13.0	6.2	4.5	45.0	0.0	31.7	12.6	6.1	49.6
4	莱州湾	5 685	0.1	30.3	23.1	24.0	22.5	18.2	30.3	23.8	9.2	18.5	27.7	17.5	22.8	18.5	13.5
5	杭州湾	6 673	0.0	0.0	0.0	0.0	100.0	0.0	0.0	0.0	0.0	100.0	0.0	0.0	0.0	0.0	100.0
6	象山港（湾）	431	0.0	0.0	0.0	0.0	100.0	0.0	0.0	0.0	0.0	100.0	0.0	0.0	0.0	0.0	100.0
7	三门湾	655	0.0	0.0	0.0	0.0	100.0	0.0	0.0	0.0	0.3	99.7	0.0	0.0	0.0	0.0	100.0
8	台州湾	223	0.0	0.0	0.0	0.0	100.0	0.0	0.0	0.0	0.0	100.0	0.0	0.0	0.0	0.0	100.0
9	乐清湾	346	0.0	0.0	0.0	0.3	99.7	0.0	0.0	3.7	45.0	51.3	0.0	0.0	0.0	0.0	100.0
10	温州湾	1 108	0.0	0.0	0.0	1.0	99.0	0.0	12.3	13.5	33.9	40.3	0.0	0.0	0.0	0.0	100.0

续表

序号	海湾	海湾面积（km^2）	春季　水质评价结果（占海湾总面积的比例）(%)					夏季　水质评价结果（占海湾总面积的比例）(%)					秋季　水质评价结果（占海湾总面积的比例）(%)				
			一类水质海域	二类水质海域	三类水质海域	四类水质海域	劣四类水质海域	一类水质海域	二类水质海域	三类水质海域	四类水质海域	劣四类水质海域	一类水质海域	二类水质海域	三类水质海域	四类水质海域	劣四类水质海域
11	三沙湾	698	0.0	0.0	13.6	50.0	36.4	0.0	3.3	12.0	69.1	15.6	0.0	0.0	27.3	56.3	16.4
12	罗源湾	143	0.0	0.0	0.0	7.8	92.2	0.0	0.0	0.6	14.5	84.9	0.0	0.0	0.0	0.0	100.0
13	泉州湾	227	0.5	0.6	2.5	6.6	89.8	0.1	33.2	16.0	8.9	41.8	0.0	0.0	0.0	86.8	13.2
14	厦门港（湾）	349	0.0	0.0	0.1	3.9	96.0	0.0	7.5	3.1	10.3	79.1	0.0	0.0	0.1	32.5	67.4
15	诏安湾	205	2.4	9.8	3.9	11.3	72.6	0.0	0.3	2.0	13.2	84.5	0.1	0.0	0.0	4.9	95.0

普兰店湾主要隶属于大连金普新区的普湾新区，金普新区位于辽宁省大连市中南部，包括金州区和普兰店区的部分地区，总面积约 2 299 km^2。2013 年，新区常住人口有 158 万，地区生产总值达到 2 751.7 亿元，分别占大连市的 22.8%和 36.0%。新区优越的地理区位、雄厚的经济基础和战略性的发展是带动东北老工业基地全面振兴、深化东北亚区域合作的基础条件。

4.3　普兰店湾资源概况

(1) 河流资源

普兰店湾为东西向长约 20 km 的狭长海湾，湾口西临渤海，湾顶直抵东部普兰店区，两岸为低山丘陵。簸箕岛南北向横卧于湾口处，海水由簸箕岛北侧海沟进出普兰店湾，湾内的海沟为自然形成，海沟南北两侧为海滩。普兰店湾两侧河网密布，有大小河流数条，受北部裴山和东南部小黑山的影响，由四周向普兰店湾中心汇集，多为自然冲沟形成。自西向东较大河流分别为南极河、三十里河、五十里河、龙口河、石河、邓屯河、鞍子河和大沙河，大沙河、鞍子河河道较宽，保有水量较充足，其余为雨季时排雨水用，且河道防洪标准较低。

表 4.3　普兰店湾周围河流基本情况

河流	发源地	河流入海地点	河流面积(km^2)	河流长(km)
三十里河	陈家村一带	七顶山街道	156.9	29.9
龙口河	小黑山	原国营金县农场	54.2	19.4
大魏家河	韩家村一带	大魏家街道	77.5	18.3
石河	小黑山北麓	石河街道	26.2	11.6
泡崖河	泡崖乡圈里	普兰店湾	204	16
鞍子河	高丽城子山	马虎岛村	106.8	26

(2) 盐业资源

本区海岸线长，滩涂平坦广阔，海水盐度一般为 32‰左右，历年平均蒸发量为 1 683.6 mm，平均降水量为 500～700 mm，年均日照 2 479.2 小时，日均日照 6.8 小时。区内降水量小、蒸发量大、海水盐度高，海湾周围又覆盖大面积的亚黏土，有利于发展盐业生产，历史上普兰店湾及其周边海域也是大连地区主要的盐业生产地。

(3) 港口资源

松木岛港位于炮台街道松木岛村、普兰店湾北侧，港口自然条件优越，最大水深达－12 m。松木岛港口一期工程于2004年12月开工，建设2个一万吨级滚装码头和一个3 000吨级杂货码头。目前松木岛港已形成4.8万m^2的场地，为码头主体工程开工奠定了基础。

三十里堡港区海域条件得天独厚，滩外海域自然水深8～15 m。三十里堡临港工业区位于三十里堡街道青岛村和三道湾村，地势平坦，海域辽阔，自然景观丰富。东接沈大高速公路，西邻渤海普兰店湾，水陆交通便利，是金州区沿沈大高速公路“工业廊带”的中心区。

普兰店内湾以簸箕岛为界向东的海域水深不大，底质也以细粒沉积物为主，因此发展港口的条件一般，只能够满足区域性的小型港口的发展。

(4) 水产资源

普兰店湾濒临渤海，沿岸岛礁发育，海湾众多，水深均在5～8 m等深线的范围。浅海以泥沙为主，水质环境较好，区域内水深、温度、盐度、海流、底质条件对海洋生物的生长繁殖比较有利，是底栖生物良好的栖息繁衍环境，其近岸海区为良好的水产品养殖区，适合贝类和海珍品养殖，是该地区水产品资源的集中“资源库”。其主要渔业生物资源包括：刺参，主要分布在蚂蚁岛、范家砣子、鹿岛、鸭蛋坨子海域；杂色蛤，滩涂和浅海区均有分布；梭鱼，渤海是梭鱼的生产基地；经济鱼类主要有青鳞鱼、孔鳐、黄鲫、日本鳀、尖嘴扁颌针鱼、小黄花鱼、白姑鱼、黑鲷等。

(5) 矿产资源

本区地下矿藏以非金属矿为主，达17种。金属矿5种，储量不大，矿点较分散。沿海岸地区分布的矿产主要是铁矿和石灰石矿。

(6) 旅游资源

普兰店湾海湾腹地背山面海，地理位置得天独厚，旅游资源较为丰富。山地丘陵与曲折的岬湾相映衬，景观独特，又有大小岛屿十余个点缀于湾内，更增风采，在对近岸进行整治和景观设计的基础上，具备发展高端海洋旅游的巨大潜力。

(7) 海岛资源

根据我国近海海洋综合调查与评价专项(908专项)海岛专题调查统计，区域周边分布有四个海岛，其中有居民海岛为簸箕岛和后大连岛，无居民海岛为前大连岛和小并岛。簸箕岛、后大连岛、前大连岛周边大部分区域被开发为盐田及围海养殖池塘与陆地相连，小并岛面积较小，位于普兰店湾内湾中段。

簸箕岛，位于普兰店湾咽喉位置，海岛面积 1.4 km^2，岸线长度 5.6 km，南北走向，长 2.2 km，宽 0.9 km，地势南北两端高，中间低，最高点海拔 146 m。海岛大部分被养殖池塘包围，北侧基岩海岸处为普兰店湾航道。

后大连岛，位于簸箕岛东 0.69 km 处，与北面的黄石嘴隔普兰店湾航道相望，海岛呈 NW—SE 狭长走向，长轴长约 1.4 km，短轴宽约 0.4 km，海岛北岸为自然基岩海岸，南岸已开发为大面积盐田和养殖池，并修筑公路与陆地、簸箕岛、前大连岛等相连。

前大连岛，位于簸箕岛东南 1.2 km 处，距北侧后大连岛 0.25 km，距大陆仅 0.23 km。海岛为基岩岛，东西长 0.93 km，南北最宽 0.47 km，海岛东侧为航道。

小并岛，位于普兰店湾东北端，地处炮台街道与石河街道之间的水道，距离北侧的炮台街道最近距离 0.39 km，距南侧石河街道最近距离 1.9 km。基岩岛，整体形状呈不规则 S 形，周围已进行渔业养殖开发，海岛北侧修建有沈大高速公路。

4.4 普兰店湾海域用海现状及环境问题分析

4.4.1 普兰店湾海域用海类型划分

国务院于 2012 年 10 月批复了《辽宁省海洋功能区划(2011—2020 年)》[72]（以下简称《区划》），《区划》指出：大连渤海海域海区主要功能是港口航运、临海工业和城镇、滨海旅游和海洋保护。普兰店湾沿岸建设滨海新城，以海湾工业区、松木岛化工区、三十里堡工业园区等区域为依托发展临海工业；填海开发活动主要控制在长兴岛临港工业区、普湾新区、金渤海岸现代服务业发展区和大连旅顺经济开发区等沿海经济带重点区域；改善金州湾、普兰店湾、复州湾海洋生态环境，保障海洋食品安全。整治修复普兰店湾、复州湾沿岸受损海湾湿地、岛礁生态系统，维护海湾海岛生态服务功能。

通过与辽宁省海洋功能区划图(2011—2020 年)比对(见图 4.2)，普兰店湾海域内涉及的海洋功能区有普兰店湾工业与城镇用海区、普兰店湾保留区、松木岛港口航运区、复州湾镇南部工业与城镇用海区、复州湾矿产与能源区和三十里堡港口航运区等，相关功能区所在的地理位置、面积以及陆域岸线长度等见表 4.4。

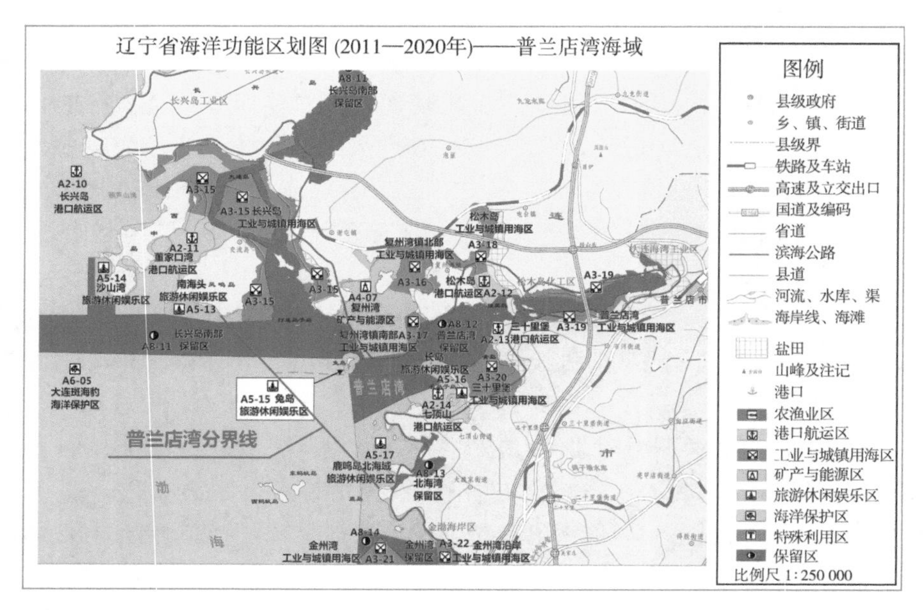

图 4.2　辽宁省海洋功能区划图(2011—2020 年)——普兰店湾海域

综合看来,普兰店湾海域开发利用程度较高,形式较为多样,内湾湾顶的海域已不再规划为养殖用海,除了内湾的沿岸海域主要规划为普兰店湾工业与城镇用海区之外,内湾的整片海域规划为保留区,而内湾口的区划主要是港口航运区,北面是松木岛港口航运区和松木岛工业与城镇用海区,南部是三十里堡港口航运区和三十里堡工业与城镇用海区。

相应地,普兰店湾海域功能区的海域使用管理措施主要包括:严格控制填海造地规模,整理海域空间,保持海湾自然形态,维护围海海湾水动力环境,改善和提高海湾自然纳潮能力;整治海湾自然景观,保护周边岛礁,修复海岛生态系统。

随着辽宁省沿海经济带国家战略的实施,通过对普湾新区的建设,闲置和低效使用的海域资源得到充分利用。湾内大部分海域主要为普兰店湾保留区,也意在使内湾口的海岛资源得以恢复,修复受损的海洋生态系统,在提高普兰店湾纳潮能力的基础上,建设一个以高新产业为基础,集居住、工作、休闲为一体的生态宜居型滨海新城。因此,要借助普兰店湾自然条件的优势,结合普湾新区发展的优厚社会经济条件,注重海洋区域规划管理,避免早先对本区域资源开发利用的不合理,关注海洋资源开发,提高海洋生态保护意识,使海洋经济和生态环境协调发展。

表 4.4　普兰店湾海域的海岸基本功能区

代码	功能区名称	地理范围	功能类型	面积（km^2）	陆域岸线长度（km）	海域使用管理
A3-19	普兰店湾工业与城镇用海区	普兰店湾内	工业与城镇用海区	15.1	30.9	(1) 保持海湾自然形态，保护岛礁，改善和提高海湾自然纳潮能力； (2) 整治海湾自然景观，修复海岛生态体系
A2-13	三十里堡港口航运区	单砣子北部海域	港口航运区	2.4	3.6	严格控制填海造地规模，维护海湾水动力环境
A3-20	三十里堡工业与城镇用海区	三十里堡沿岸海域	工业与城镇用海区	23.9	17.2	(1) 严格控制填海造地规模； (2) 保护周边岛礁，维护海湾水动力环境
A2-14	七顶山港口航运区	七顶山东海域	港口航运区	14.3	11.8	(1) 严格控制填海造地规模； (2) 保护周边岛礁，维护海湾水动力环境
A5-16	长岛旅游休闲娱乐区	长岛周围海域	旅游休闲娱乐区	10	1	(1) 严格保护自然岸线，限制不合理海岸工程建设； (2) 整理海岛不合理工程项目，修复海岛生态系统，提高沿岸自然景观价值
A2-12	松木岛港口航运区	松木岛海域	港口航运区	8	8.3	严格控制填海造地规模，保持海湾自然形态
A3-18	松木岛工业与城镇用海区	松木岛海域	工业与城镇用海区	14.9	28.6	整理海域空间，保持海湾自然形态
A3-16	复州湾镇北部工业与城镇用海区	复州湾镇西部盐场	工业与城镇用海区	18.8	21.2	(1) 严格控制填海造地规模； (2) 整理海域空间，集约节约用海
A3-17	复州湾镇南部工业与城镇用海区	复州湾镇南部近岸海域	工业与城镇用海区	5	1.8	(1) 严格控制填海造地规模； (2) 整理海域空间，集约节约用海
A3-15	长兴岛工业与城镇用海区	长兴岛交流岛岛屿间海域	工业与城镇用海区	87.8	29	(1) 维护海岛生态环境； (2) 整治修复岛屿间潮汐通道； (3) 严格控制填海造地和围堰规模

续表

代码	功能区名称	地理范围	功能类型	面积（km^2）	陆域岸线长度（km）	海域使用管理
A4-07	复州湾矿产与能源区	复州湾盐场海域	矿产与能源区	55.7	22	改善和提高区域自然纳潮功能
A5-17	鹿鸣岛北海域旅游休闲娱乐区	七顶山至后石海域	旅游休闲娱乐区	63.9	26.7	(1) 保护自然岸线形态，保护海岛自然形态，保护范砣子连岛砂坝水下地貌景观资源； (2) 限制海岸不合理工程建设； (3) 整治不合理岸滩工程，修复岛礁自然景观
A8-12	普兰店湾保留区	普兰店湾至兔岛海域	保留区	119.8	35.7	(1) 保持海湾水域面积，提高区域自然纳潮能力； (2) 整理和修复海湾、岛礁自然景观与生态环境； (3) 保障沿岸港口航道用海
A8-13	北海湾保留区	拉树山至干岛子沿岸	保留区	7.8	18.1	维护滨海湿地，改善和提高海湾自然纳潮能力
A5-13	南海头旅游休闲娱乐区	凤鸣岛南部海域	旅游休闲娱乐区	11.6	0	(1) 保持自然岸线和海岛自然形态； (2) 整治不合理岸滩工程，修复海岸和岛礁自然景观，养护沙滩浴场
A5-15	兔岛旅游休闲娱乐区	兔岛周边海域	旅游休闲娱乐区	2.6	0	(1) 严格保护自然岸线，限制突堤、围海等不合理岸滩建设工程，保护海岛自然形态； (2) 整治不合理岸滩工程，修复岛礁自然景观，养护沙滩浴场资源
A8-11	长兴岛南部保留区	长兴岛东南部、凤鸣岛周边海域	保留区	250	40.9	(1) 保持海岛自然形态； (2) 整治修复岛间潮汐通道，改善和提高区域纳潮能力

4.4.2　普兰店湾海域和海岸开发使用现状

普兰店湾及其周边海域拥有丰富的滩涂和海洋资源，普兰店湾的主要开发利用方式是围海养殖和盐业，也一直是大连市重要的养殖区和海盐产区之一。整治前，该区域围海养殖和盐田面积为 116 km^2，占海域总面积的 55%。近年来，普兰店湾临海工业开始得到发展，尤其是随着辽宁省沿海经济带国家战略的实施，大连市将普湾新区确定为重要的临海工业和新型滨海城镇区，区内主要有三十里堡工业区和松木岛化工园区等，其海域开发使用现状见图 4.3，现场踏勘的状况实景见图 4.4。

由图 4.3 可以看出，目前，普兰店湾海域的开发利用（除养殖外）均布置在簸箕岛以外的海域。其北岸自东向西依次分布着松木岛港及松木岛化工园区、复州湾盐场及盐田、玉兔岛旅游度假区，南岸依次分布着三十里堡港及三十里堡工业园区和金州七顶山产业园区。围海养殖在普兰店湾南北两侧连片分布。簸箕岛以上的湾顶区域除养殖外，有沈海高铁跨海大桥和哈大高铁跨海大桥，还有 14# 和 16# 大桥跨越南北两岸。

图 4.3　普兰店湾整治前开发状况图

簸箕岛至湾顶海域面积 49 km^2，其中围海工程（虾池、参圈）28 km^2，占水域总面积的 57%，固有敞开水面仅剩 21 km^2，占水域总面积的 43%，湾内最狭窄处不足 600 m。总体来看,本区大部分海域还是处于初级开发阶段。

图 4.4　普兰店湾整治前海域状况照片

另外,簸箕岛附近海湾最窄处至湾顶,海岸线总长 32.56 km,全部被养殖池塘占用,自然岸线已基本转变为人工岸线;整治后占用岸线 18.30 km,新形成岸线 15.87 km。占用的岸线类型主要为养殖区,新形成的岸线类型为生活岸线。

4.4.3　普兰店湾海域主要环境质量影响问题

由图 4.4 和图 4.5 可以看出,普兰店湾纵深的湾顶区域内 35 km 岸线已经全部被围池形成的人工堤坝所取代,围池面积 30 余 km^2,中部水面宽度平均只有几百米,最宽处也不足 2 km,只能作为小型渔船的通道,已基本失去渔业生产的功能。湾口处的簸箕岛北侧宽仅有 600 m,内湾口的潮汐过水断面狭窄,与湾口外部进行水交换的潮汐通道被围海养殖池所阻隔,东侧海域南北宽仅有 300 m,过水断面的狭窄使得纳潮量减少,海水交换能力与自净能力急剧减弱,导致该海湾水质污染和富营养化较为严重。

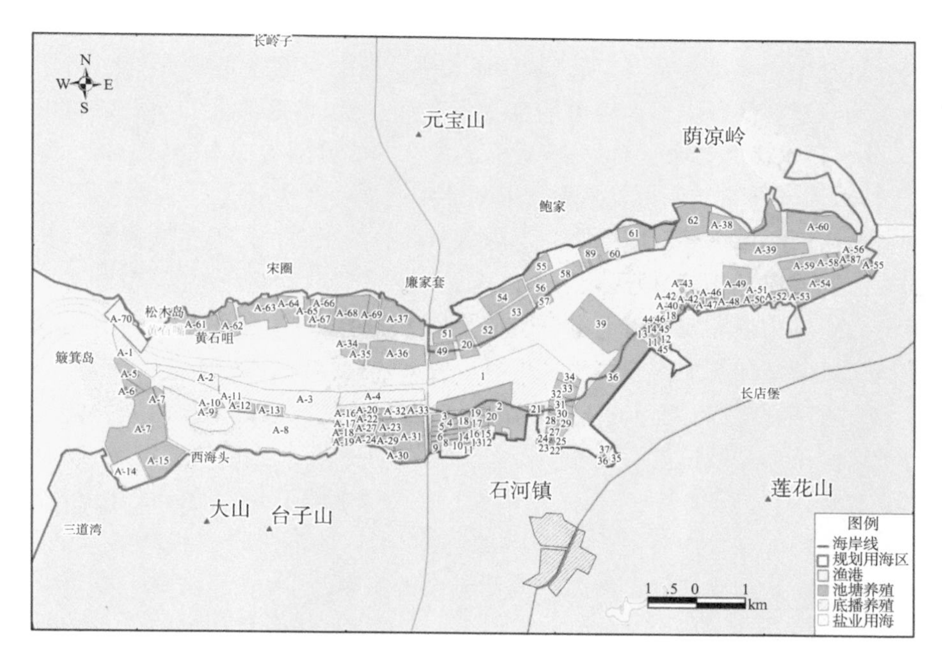

图 4.5　整治前湾顶区域养殖用海状况

此外,内湾口处的簸箕岛南北分别分布着松木岛港口航运区和三十里堡港口航运区,由于频繁的港口船舶作业和潜在的油轮碰撞溢油风险,该区域很容易发生海洋石油污染。石油在进入水体后会发生挥发、溶解、乳化、光化学氧化、微生物降解等一系列复杂的迁移转化过程。在此过程中产生的多环芳烃很难被降解,具有持续时间长,致癌变、致突变和致畸变等毒性大的特点。操作性长期输入的慢性累积和突发性事件的爆发都会给该区域的海洋环境以及沿海居民的健康带来危害,故对松木岛港和三十里堡港的溢油事故风险要做好防范。

4.5 本章小结

本章在简要介绍普兰店湾自然环境、地理区位、社会经济和资源特征概况的基础上,通过与辽宁省海洋功能区划图(2011—2020 年)的比对,筛列出普兰店湾海域涉及的海洋功能区,给出相关海洋功能区所在的地理位置、面积以及陆域岸线长度。普兰店湾海域内涉及的海洋功能区主要有普兰店湾工业与城镇用海区、普兰店湾保留区、松木岛港口航运区、复州湾镇南部工业与城镇用海区、复州湾矿产与能源区和三十里堡港口航运区等。

此外,在整治前对普兰店湾海域进行了现场勘查,以簸箕岛为界限,海域内湾的开发利用主要是养殖,湾顶区域海域几乎全被围海养殖的堤坝占满,沿岸两侧密布的养殖圈使得中部水域平均宽度只有几百米,内湾口处的潮汐通道也被阻隔,使得过水面非常窄;湾口处簸箕岛的南北两侧分别为松木岛港区和三十里堡港区,内湾口外侧区划为复州湾盐场和金州七顶山产业园区等。

普兰店湾海域主要环境问题为湾内围海养殖的密布使得海水交换能力和自净能力急剧减弱,使得湾顶区域海水的水质污染和富营养化较为严重;簸箕岛南北两侧的松木岛港和三十里堡港,船舶作业的长期输入和船舶碰撞的潜在风险使得该区域的海洋石油污染事件发生概率较大,需要对此进行防范。

综合看来,普兰店湾海域开发利用程度较高,内湾湾顶的沿岸海域主要规定为普兰店湾工业与城镇用海区,随着辽宁省沿海经济带国家战略的实施,以及区内主要工业区,如石河工业区、三十里堡工业区和海湾工业区的开发建设,闲置和低效使用的海域资源得到充分有效的利用,湾口的海岛资源也将得以恢复。要借助普湾新区的发展优势和综合整治方案的实施,使普兰店湾的水域环境得到改善,提高海湾内水体交换和自净能力。对于簸箕岛南北两侧的松木岛港和三十里堡港,要严防石油污染,加强船舶溢油风险防范。

第五章

整治前普兰店湾的海水交换能力与自净能力

5.1　水动力模型概述

5.1.1　控制方程

海水中物质和热量的运动传递及变化，一方面受各种力的相互作用，另一方面受温度、盐度等因素的影响。所以，在海水运动中起支配作用的基本物理定律主要有：质量守恒定律、动量转换和守恒定律以及能量转换和守恒定律。

本书采用的模型是基于三向不可压缩和 Reynolds 值均匀分步的 Navier-Stokes 方程，并服从于 Boussinesq 假定和静水压力的假定。控制方程在水平方向采用传统正规坐标系，可以根据适用海域选择笛卡尔坐标或球面坐标。本书选用控制方程的形式为笛卡尔坐标系。

由于普兰店湾海域属于浅水海湾，其水平尺度远远大于其垂向尺度，海水的垂向混合比较充分，流速等水力参数沿垂直方向的变化较水平方向的变化要小得多。因此，可以不考虑水力参数沿垂向的变化，并假定沿水深方向的动水压强分布符合静水压强分布。故将三维流动的基本方程式和紊流时均方程式沿水深积分平均，即可得到沿水深平均的平面二维流动的基本方程。

本书中流场计算采用深度平均二维浅水潮波方程。即

$$\frac{\partial \xi}{\partial t}+\frac{\partial}{\partial x}(Hu)+\frac{\partial}{\partial y}(Hv)=0 \tag{5.1}$$

$$\frac{\partial u}{\partial t}+u\frac{\partial u}{\partial x}+v\frac{\partial u}{\partial y}-fv+g\frac{\partial \xi}{\partial x}+g\frac{u\sqrt{u^2+v^2}}{HC^2}=0 \tag{5.2}$$

$$\frac{\partial v}{\partial t}+u\frac{\partial v}{\partial x}+v\frac{\partial v}{\partial y}+fu+g\frac{\partial \xi}{\partial y}+g\frac{v\sqrt{u^2+v^2}}{HC^2}=0 \tag{5.3}$$

式中，t 为时间，x、y 为笛卡尔坐标系坐标，直角坐标系确定在平均海平面上，u、v 分别为 x 和 y 方向上的深度平均速度分量。$H=\xi+h$ 为总水深，ξ 为平均海平面以上的水位高度，h 为静水水深；C 为 Chézy 系数，$C=\frac{(h+\xi)^{\frac{1}{6}}}{n}$，其中 n 为 Manning 系数；$f=2\omega\sin\varphi$ 为科氏力系数，ω 为地球自转角速度，φ 为地理纬度；g 为重力加速度。

5.1.2 数值解法

(1) 空间离散

计算区域的空间离散采用的是有限体积法(Finite Volume Method),其基本思路是:将计算区域划分为一系列不重复的控制体积,并使每个网格点周围有一个控制体积;将待解的微分方程对每一个控制体积积分,便得出一组离散方程。其中的未知数是网格点上的因变量的数值。为了求出控制体积的积分,必须假定值在网格点之间的变化规律,即假设值的分段的分布剖面。从积分区域的选取方法看来,有限体积法属于加权剩余法中的子区域法;从未知解的近似方法看来,有限体积法属于采用局部近似的离散方法。

在此模型中,只考虑三角形单元网格,浅水方程组的通用形式[73]可以写成

$$\frac{\partial \boldsymbol{U}}{\partial t}+\nabla\cdot \boldsymbol{F}(\boldsymbol{U})=\boldsymbol{S}(\boldsymbol{U}) \tag{5.4}$$

式中,$\boldsymbol{U}$ 为守恒型物理向量,$\boldsymbol{F}$ 为通量向量,$\boldsymbol{S}$ 为源项。

在笛卡尔坐标系中,二维浅水方程组可以写为

$$\frac{\partial \boldsymbol{U}}{\partial t}+\frac{\partial(\boldsymbol{F}_x^I-\boldsymbol{F}_x^V)}{\partial x}+\frac{\partial(\boldsymbol{F}_y^I-\boldsymbol{F}_y^V)}{\partial y}=\boldsymbol{S} \tag{5.5}$$

式中,上标 I 和 V 分别为无黏性的和黏性的通量。

对方程(5.4)第 i 个单元积分,并运用 Gauss 原理重写可得出:

$$\int_{A_i}\frac{\partial \boldsymbol{U}}{\partial t}\mathrm{d}\Omega+\int_{\Gamma_i}(\boldsymbol{F}\cdot\boldsymbol{n})\mathrm{d}s=\int_{A_i}\boldsymbol{S}(\boldsymbol{U})\mathrm{d}\Omega \tag{5.6}$$

式中,A_i 为单元 Ω_i 的面积,Γ_i 为单元的边界,$\mathrm{d}s$ 为沿着边界的积分变量。在此使用单点求积的方法来计算面积的积分,待求积点的位置位于单元的质点,同时使用中点求积的方法来计算边界的积分,方程(5.6)可以写为

$$\frac{\partial U_i}{\partial t}+\frac{1}{A_i}\sum_{j}^{NS}\boldsymbol{F}\cdot\boldsymbol{n}\Delta\Gamma_j=S_i \tag{5.7}$$

式中,U_i 和 S_i 分别为第 i 个单元的 U 和 S 的平均值并且位于单元中心,NS 是单元的边界数,$\Delta\Gamma_j$ 为第 j 个单元的长度。对于本模型,近似的 Riemann 解法用于计算单元界面的对流流动。使用 Roe[74] 方法时,界面左边与右边的相关变量需要估计取值。对于二阶方法,空间准确度是通过线性梯度的重构来实现。而平均梯度则是用 Jawahar 和 Kamath[75] 于 2000 年提出的方法来估计。为了

避免数值震荡，模型使用了二阶 TVD[76]格式。

(2) 时间积分

时间积分主要考虑方程的一般形式，即

$$\frac{\partial \boldsymbol{U}}{\partial t}=G(\boldsymbol{U}) \tag{5.8}$$

对于二维模拟，浅水方程的求解有两种方法：一种是低阶方法，即低阶显示的 Euler 法：

$$\boldsymbol{U}_{n+1}=\boldsymbol{U}_n+\Delta t\boldsymbol{G}(\boldsymbol{U}_n) \tag{5.9}$$

式中，Δt 为时间步长。

另一种是高阶方法，即使用了二阶的 Runge Kutta 方法：

$$\boldsymbol{U}_{(n+1)/2}=\boldsymbol{U}_n+\frac{1}{2}\Delta t\boldsymbol{G}(\boldsymbol{U}_n) \tag{5.10}$$

$$\boldsymbol{U}_{n+1}=\boldsymbol{U}_n+\frac{1}{2}\Delta t\boldsymbol{G}(\boldsymbol{U}_{(n+1)/2}) \tag{5.11}$$

为了使模拟结果更精确，本模型大都采用的是高阶方法，即二阶 Runge Kutta 法。

5.1.3　边界条件

边界条件分为闭合边界和开边界，同时也考量了动边界。

闭合边界：

即陆地边界，陆-水边界，规定所有垂直于海岸边界的流速为零，即 $u_n=0$，$v_n=0$。

开边界：

即水-水边界，采用水位控制，即湾口边界上水位是通过 8 个调和常数获得的已知的时间函数，其形式为

$$E=\sum_{i=1}^{8} f_i \cdot H_i \cdot \cos(\sigma_i t+v_{0i}+u_i-g_i) \tag{5.12}$$

式中，E 为潮位，σ_i 为分潮的角速率，v_{0i} 为分潮格林威治天文初相角，g_i 、H_i 为分潮的调和常数，u_i 、f_i 为分潮的交点订正角和交点因子。

干湿边界：

处理动边界（即干湿边界）的方法是基于 Zhao 等[77]和 Sleigh 等[78]的处理

方式。当深度较小时，该问题可以重新表述，通过将动量通量设为 0，且只考虑质量通量；而当深度足够小时，计算会忽略该网格单元。

每个单元的水深会被监测，而计算单元会被定义为干、半干湿和湿。同样为了确定淹没边界，单元边界也会被监测，需满足条件分别如下。

淹没边界：首先单元的一边水深必须小于 h_{dry}，且另一边水深必须大于 h_{flood}；其次，水深小于 h_{dry} 单元的静水深加上另一单元表面高程水位必须大于 0。

干单元：首先单元中的水深必须小于水深 h_{dry}；另外，该单元的三个边界中没有一个是淹没边界，被定义为干单元的在计算中会被忽略不计。

半干单元：如果单元水深介于 h_{dry} 和 h_{flood} 之间，或是当水深小于 h_{dry} 但有一个边界是淹没边界。此时动量通量被设为 0，只有质量通量会被计算。

湿单元：如果单元水深大于 h_{wet}，此时动量通量和质量通量都会在计算中被考虑。

5.2 普兰店湾水动力环境的数值模拟

5.2.1 模拟海域与背景

普兰店湾位于辽东湾东岸南部，金州城区西北 20 km 的渤海水域。普兰店湾为喇叭状海湾，湾口面向西南朝渤海敞开。外部海湾纵轴为西南至东北方向，内部海湾纵轴为东至西方向。湾内岛屿、残礁众多，水域相对狭窄。水下地形较复杂，南北两侧为周期性出露的浅滩，湾中部下伏东北至西南向为水下沙脊，在浅滩与沙脊之间为南、北深槽。湾内水深较浅，一般为 1～4 m，南、北深槽水深为 8～10 m[79]。

5.2.2 网格设置

模型计算模拟区域范围为：121°22′9.12″E～121°56′12.12″E，39°0′40.36″N～39°25′8.4″N。图 5.1 为普兰店湾模拟区域潮流分布的网格图，模拟计算网格采用非结构三角形网格，三角网格能较好地拟合陆地边界，网格设计灵活且可随意控制网格疏密。采用标准 Galerkin 有限元法进行水平空间离散[80]，在时间上，采用显式迎风差分格式离散动量方程与输运方程。由于本书重点关注区域是普兰店湾内湾，将此海域网格进行局部加密，以便于更准确地反映出岸线形态，也为之后普兰店湾岸线整治后的计算打下铺垫，见图 5.2。内湾海域网格最小空间步长约为 20 m，其他海域随着距离项目所在海域的空间距离增加，空间步长逐渐增大为 70～400 m，整个计算区域的节点数为 5 036，单元数为 8 697。潮流场的模拟计算中水深值由中国人民解放军海军司令部航海保证部制作的海图《黄海北部及渤海 10011》《普兰店港 11451》获得，潮流调和参数由海图和实测值修正得到。

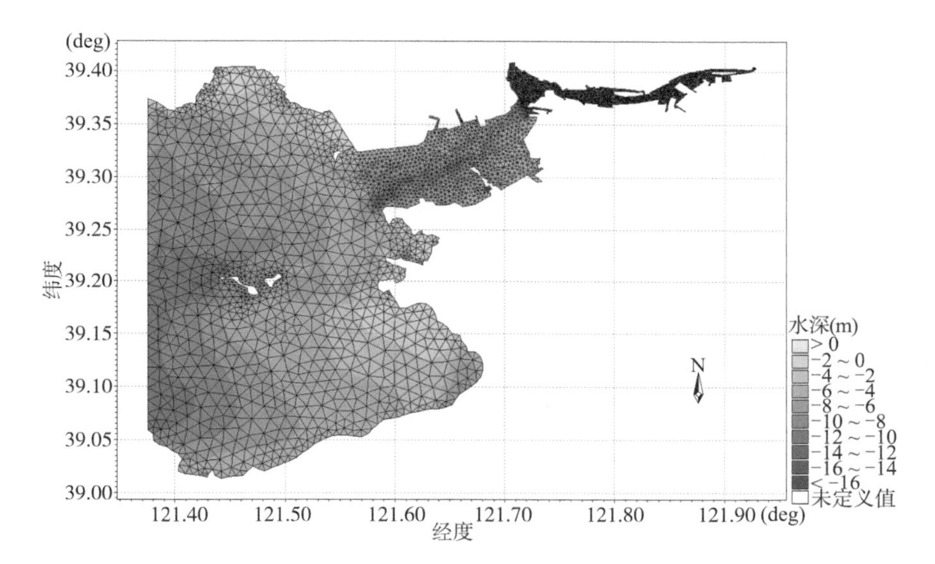

图 5.1　普兰店湾潮流场计算海域网格图

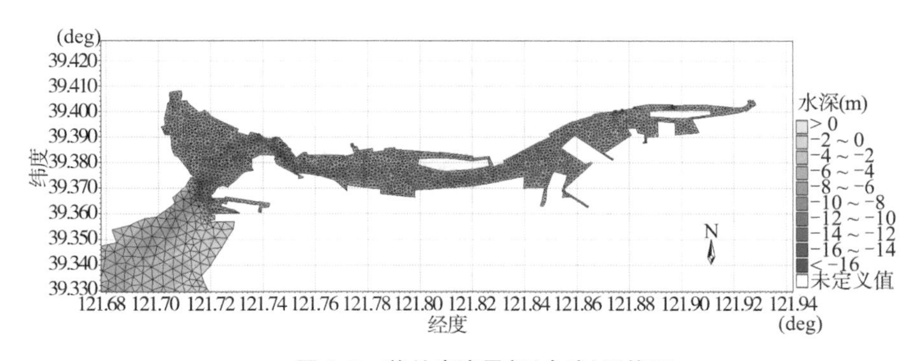

图 5.2　普兰店湾局部(内湾)网格图

5.2.3　边界输入

开边界：引用开边界两点的四个主要分潮调和常数值(M2、S2、K1 和 O1)输入计算。

$$\zeta = \sum_{i=1}^{N} \{ H_i \cos [\sigma_i t - G_i] \} \tag{5.13}$$

式中，σ_i 为第 i 个分潮（这里共取四分潮：M2、S2、K1 和 O1）的角速度，H_i 和 G_i 为调和常数（分潮的振幅和迟角）。

闭边界：以普兰店湾的海域岸线作为闭边界。

5.2.4 计算参数设置

（1）时间步长：水动力模型计算时间步长根据 CFL 条件进行动态调整，确保模型计算稳定进行，最小时间步长 0.1 s。

（2）科氏参数：$f = 2\omega\sin\phi$，ω 为地球自转角速度，ϕ 为计算区域平均纬度。

（3）底磨阻：底床糙率通过曼宁系数进行控制，糙度系数 $C = \frac{1}{n}(h+\xi)^{\frac{1}{6}}$，曼宁系数 n 取 0.02～0.03 $m/s^{1/3}$。

5.2.5 潮流场验证

为了验证计算结果的准确性，选取了 4 个潮位验证点和 5 个潮流验证点，将计算结果与计算海域 2012 年 4 月上旬（小潮：2012 年 4 月 1 日 12 时—2012 年 4 月 2 日 13 时，大潮：2012 年 4 月 9 日 8 时—2012 年 4 月 10 日 9 时）的 4 个潮位点、5 个潮流点的同步观测资料进行了验证。监测点位置分布见图 5.3 和表 5.1。

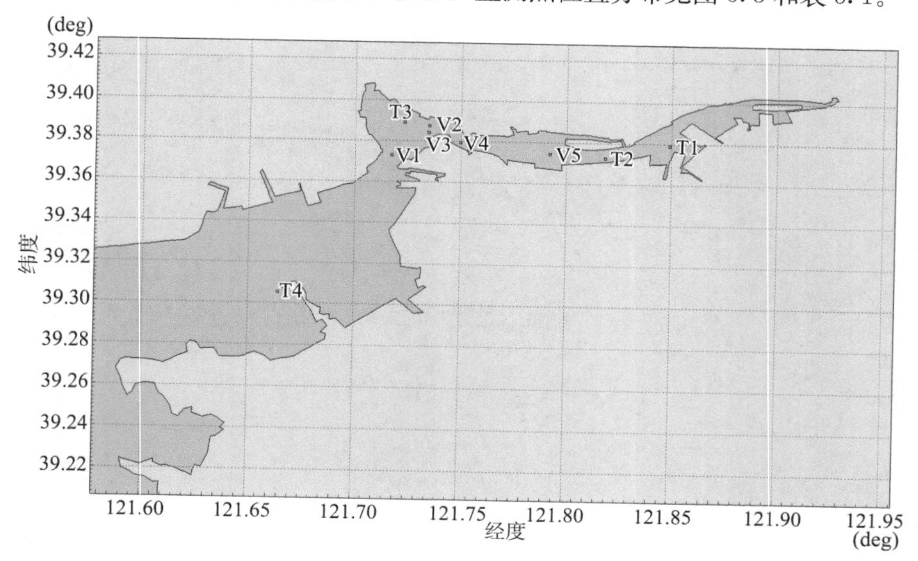

图 5.3 潮位和潮流验证点位置示意图

表 5.1　验证点站位坐标表

站号	位置点坐标		观测项目	时段
	纬度	经度		
T1	39°22.733′N	121°50.950′E	潮位	2012.04.01 12:00—2012.04.02 13:00(小潮) 2012.04.09 08:00—2012.04.10 9:00(大潮)
T2	39°22.122′N	121°49.107′E		
T3	39°23.203′N	121°43.235′E		
T4	39°18.316′N	121°39.863′E		
V1	39°22.371′N	121°43.042′E	流速、流向	
V2	39°23.227′N	121°44.090′E		
V3	39°23.027′N	121°44.080 E		
V4	39°22.756′N	121°44.980′E		
V5	39°22.455′N	121°47.530′E		

图 5.4 给出了 2012 年 4 月 T1、T2、T3 和 T4 站点处的潮位验证曲线。可以看出,模型的计算潮位过程与实测值基本吻合;进一步进行误差分析得出,相位误差在 1h 内,最高、最低潮位值偏差均小于 0.1m,较真实地反映了四个站点大小潮期间的潮位变化情况。

图 5.5 和图 5.6 分别给出了 V1、V2、V3、V4 和 V5 五个实测点表、中、底三层流速流向加权平均值与计算所得该点垂线平均流速、流向的对比。从图中可以看出:计算值和观测值吻合较好,流速过程线的形态和观测值基本一致,涨落潮段平均流速偏差小于 10%,流向的平均误差小于 15°。流速、流向验证结果误差值在正常误差范围内,表明数值模型参数的确定是合理的,模型可以用于对普兰店湾海域的水动力特征的相关计算。

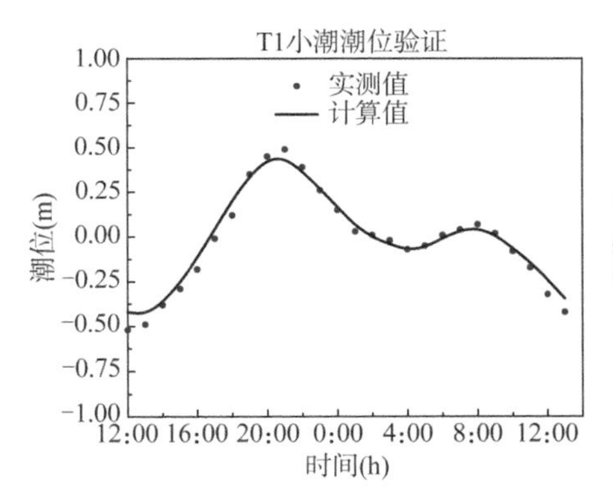

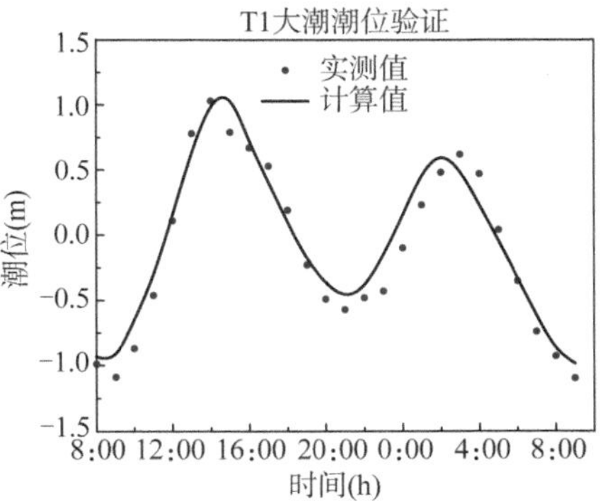

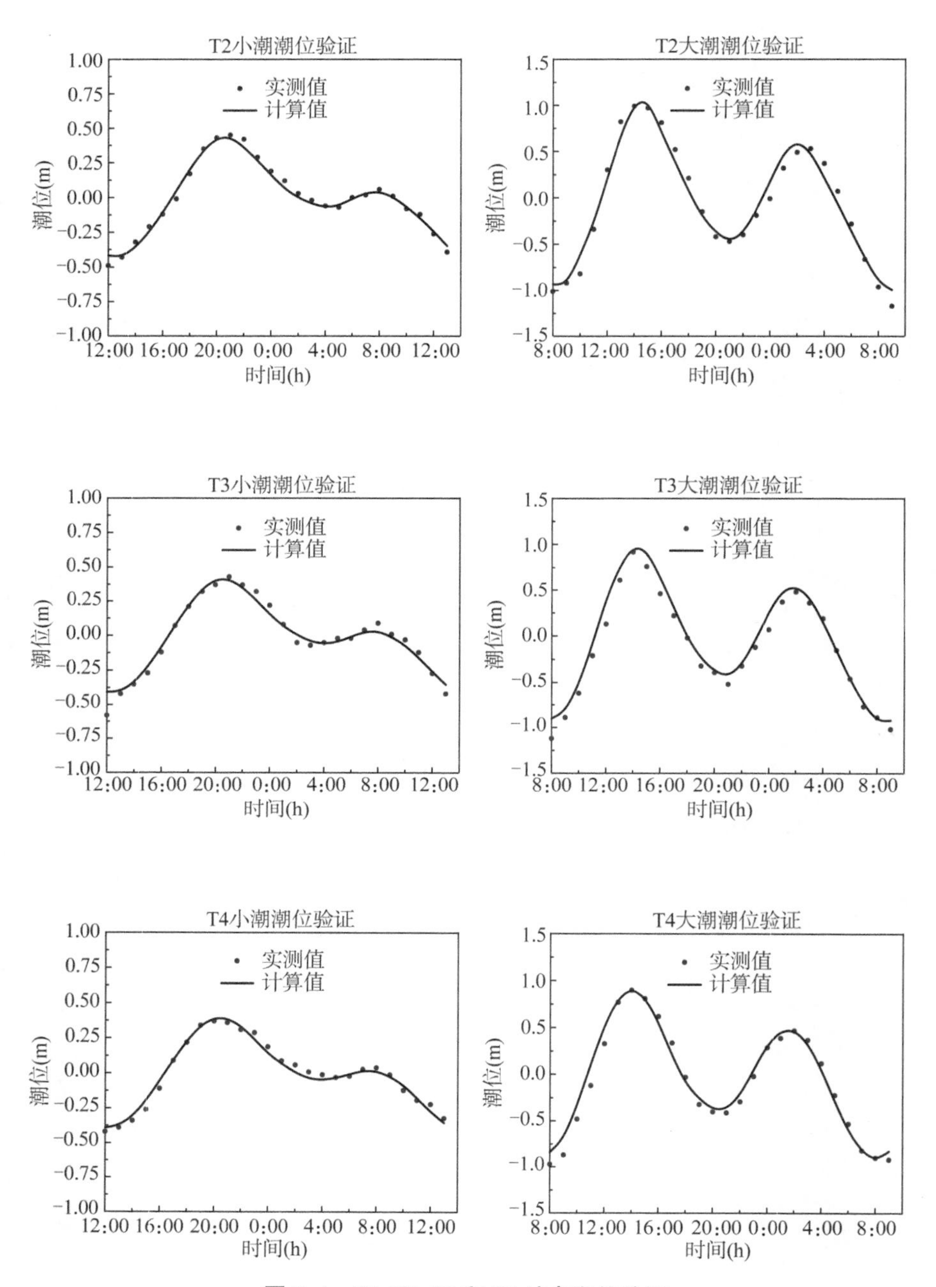

图 5.4 T1、T2、T3 和 T4 站点潮位验证

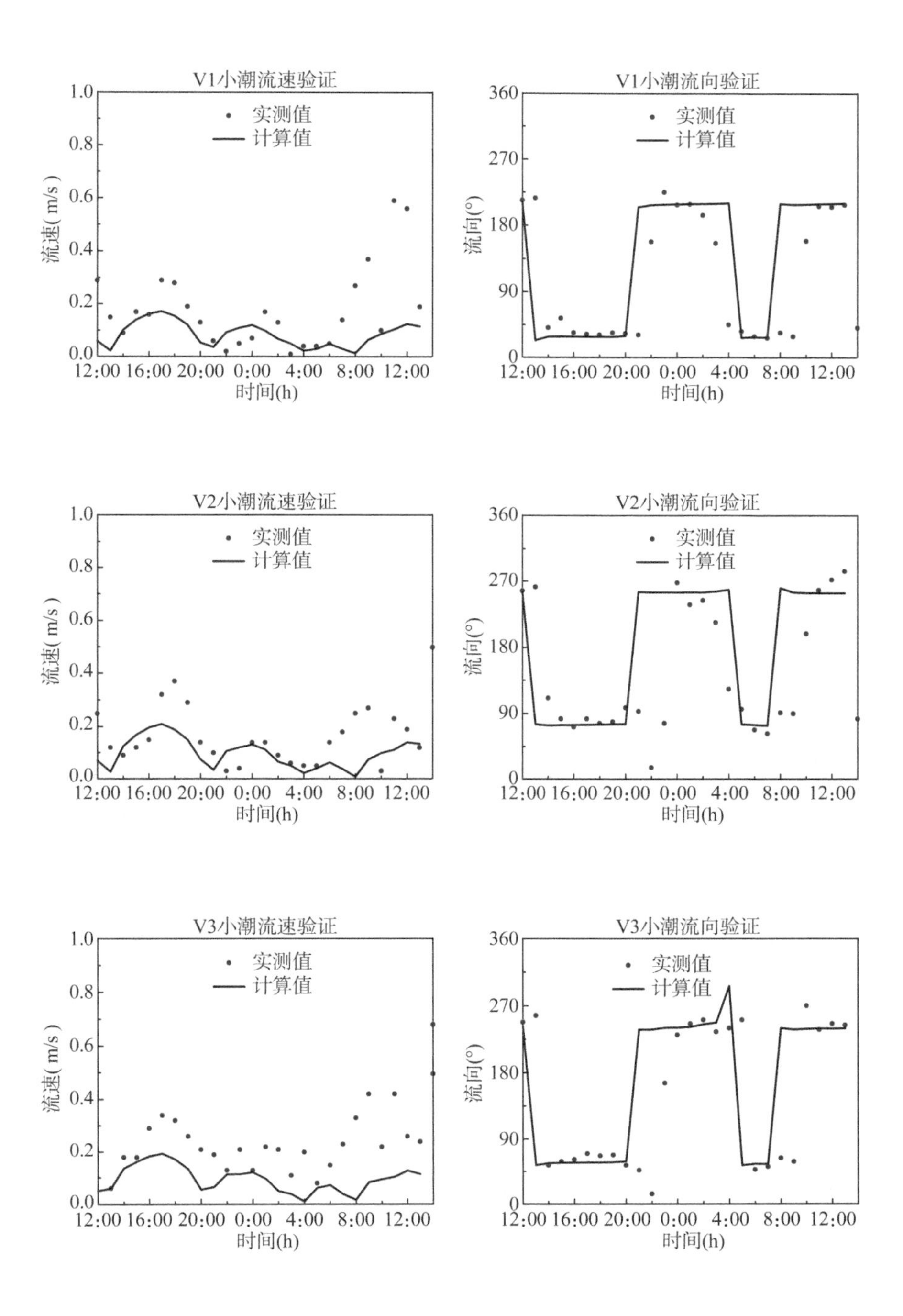
V1小潮流速验证
实测值
计算值
流速(m/s)
时间(h)
V1小潮流向验证
流向(°)
V2小潮流速验证
V2小潮流向验证
V3小潮流速验证
V3小潮流向验证

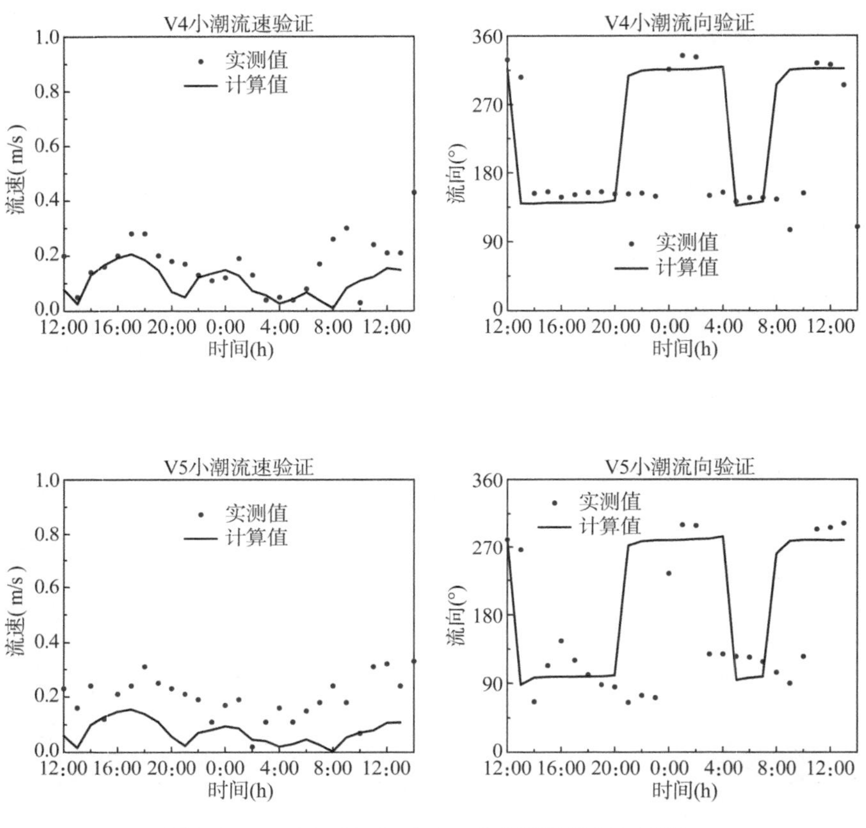

图 5.5 V1、V2、V3、V4 和 V5 站点潮流验证(小潮)

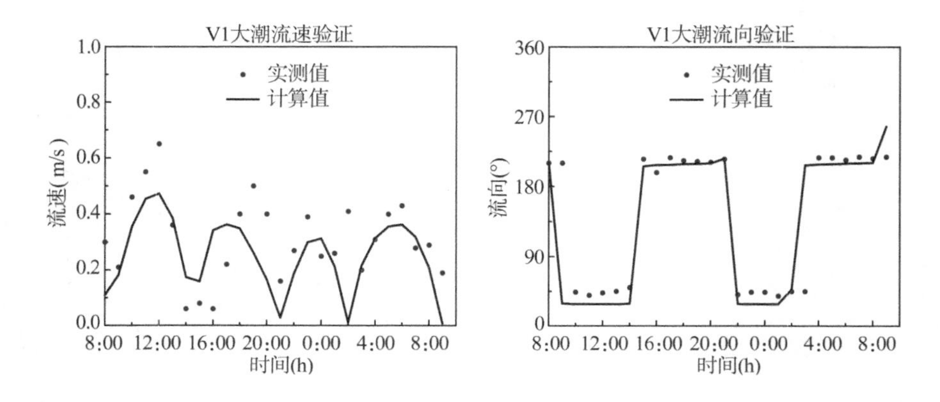

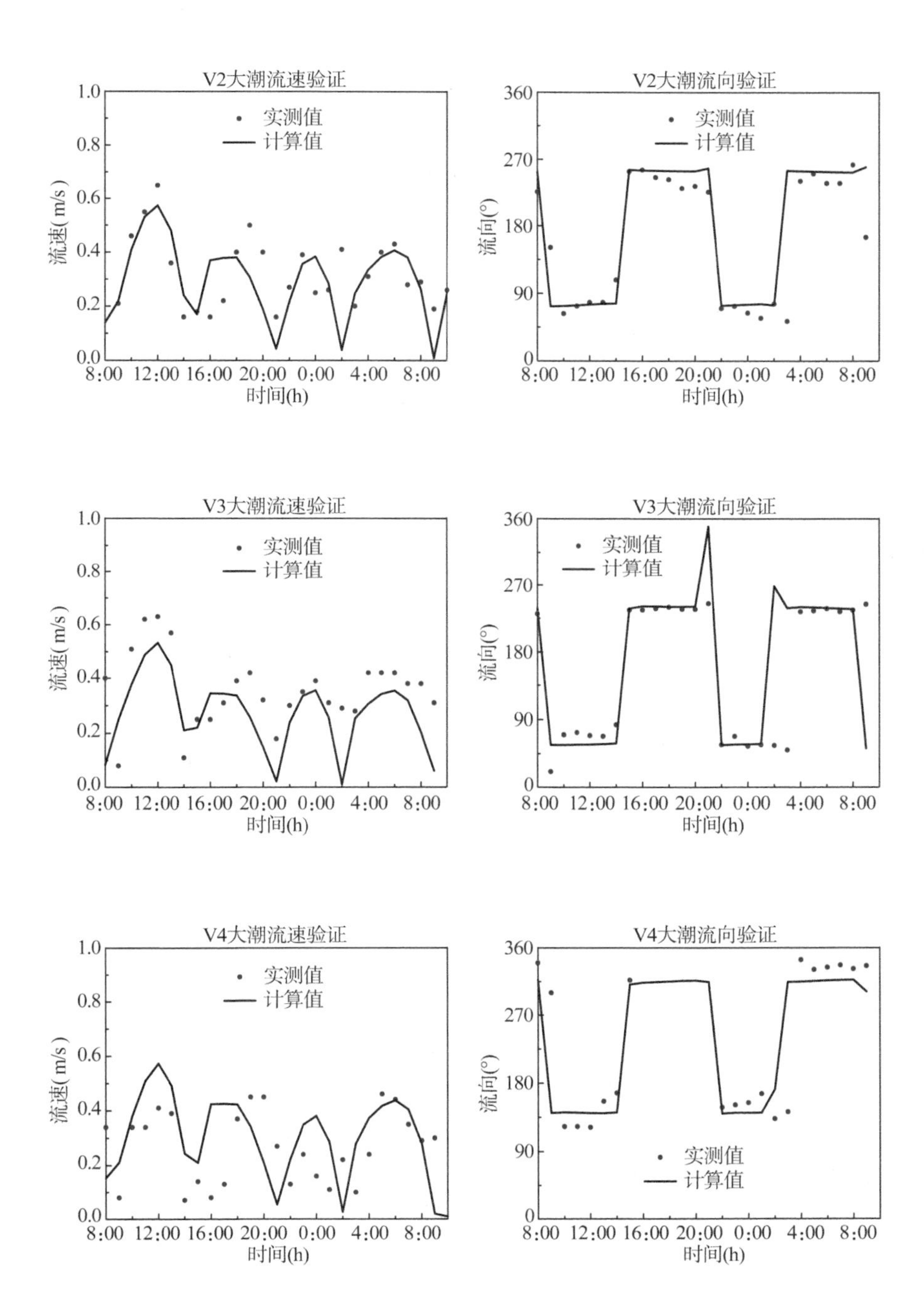
V2大潮流速验证
实测值
计算值
流速(m/s)
时间(h)
V2大潮流向验证
实测值
计算值
流向(°)
时间(h)
V3大潮流速验证
实测值
计算值
流速(m/s)
时间(h)
V3大潮流向验证
实测值
计算值
流向(°)
时间(h)
V4大潮流速验证
实测值
计算值
流速(m/s)
时间(h)
V4大潮流向验证
实测值
计算值
流向(°)
时间(h)

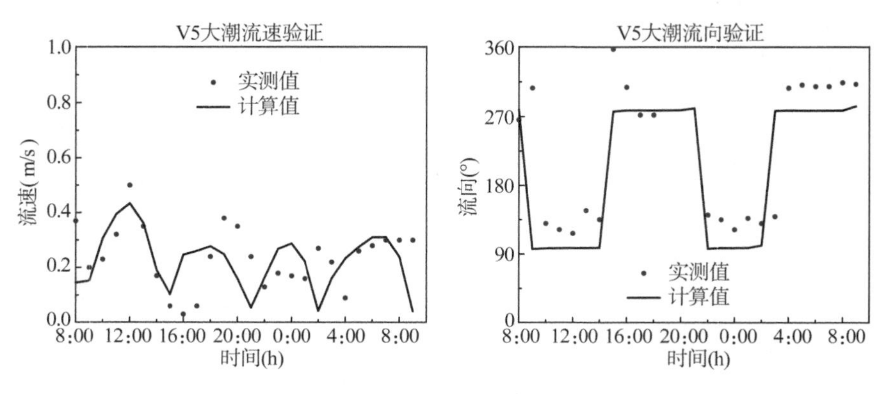

图 5.6 V1、V2、V3、V4 和 V5 站点潮流验证(大潮)

5.2.6 模拟结果分析

图 5.7 和图 5.8 分别给出了普兰店湾海域小潮期和大潮期内四个典型时刻(低潮时刻、涨急时刻、高潮时刻、落急时刻)的潮流场分布。从图中可以看出,虽然模拟计算时对该海域采用了不同尺度的网格,但整个计算域内,流场变化合理,无突变状况,潮流的分布与变化具有以下几个特点。

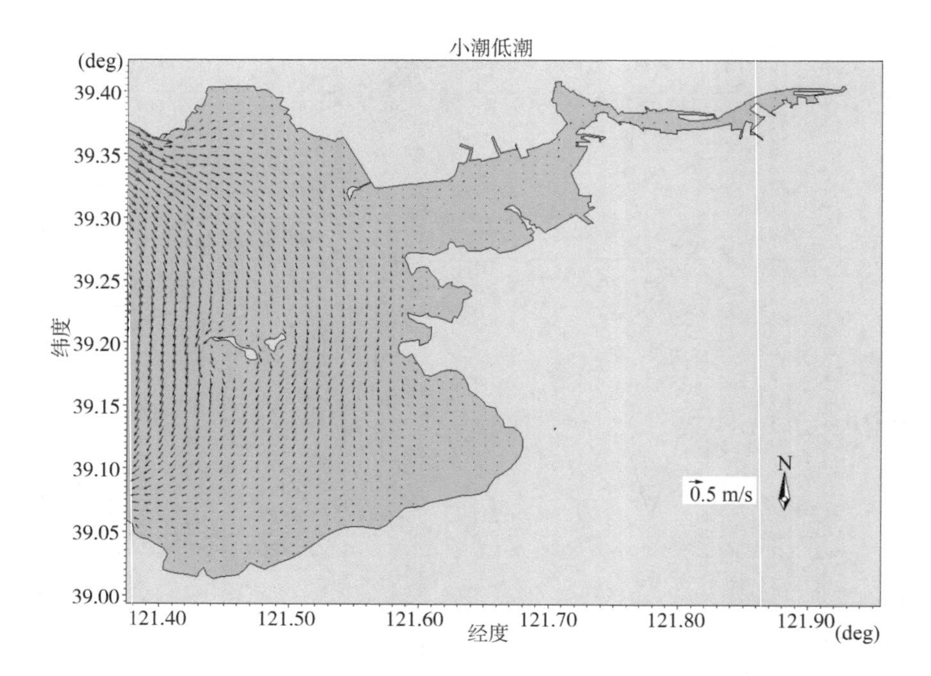

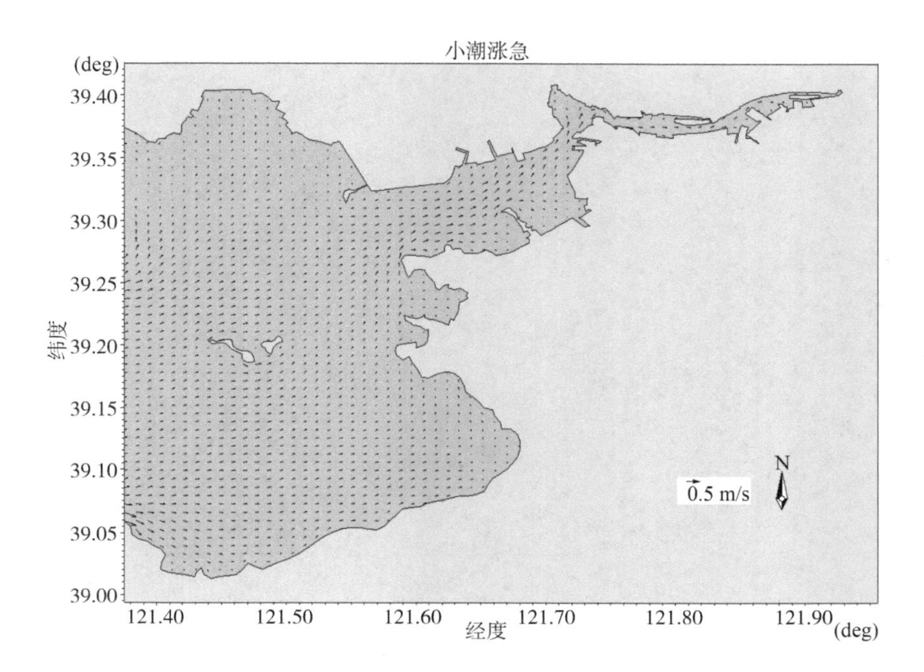
小潮涨急
(deg)
39.40
39.35
39.30
39.25
纬度
39.20
39.15
39.10
39.05
39.00
121.40
121.50
121.60
121.70
121.80
121.90
(deg)
经度
0.5 m/s
N

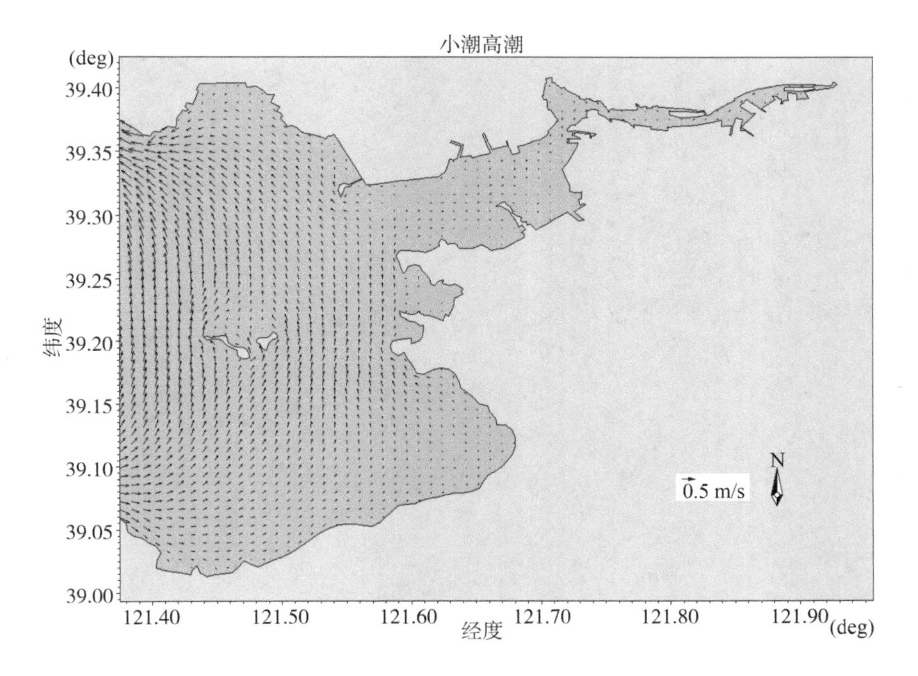
小潮高潮
(deg)
39.40
39.35
39.30
39.25
纬度
39.20
39.15
39.10
39.05
39.00
121.40
121.50
121.60
121.70
121.80
121.90
(deg)
经度
0.5 m/s
N

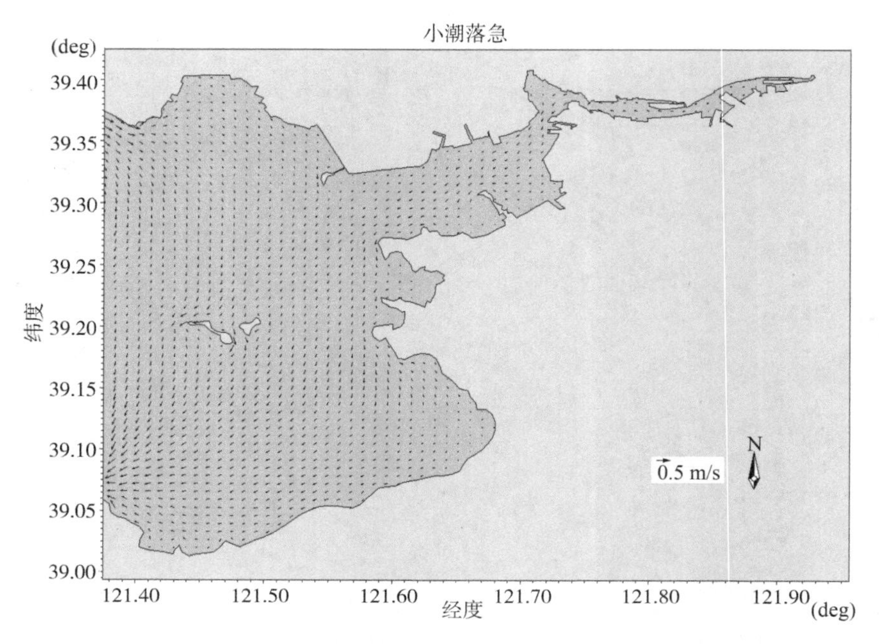

图 5.7　小潮期低潮、涨急、高潮、落急时刻潮流场矢量图

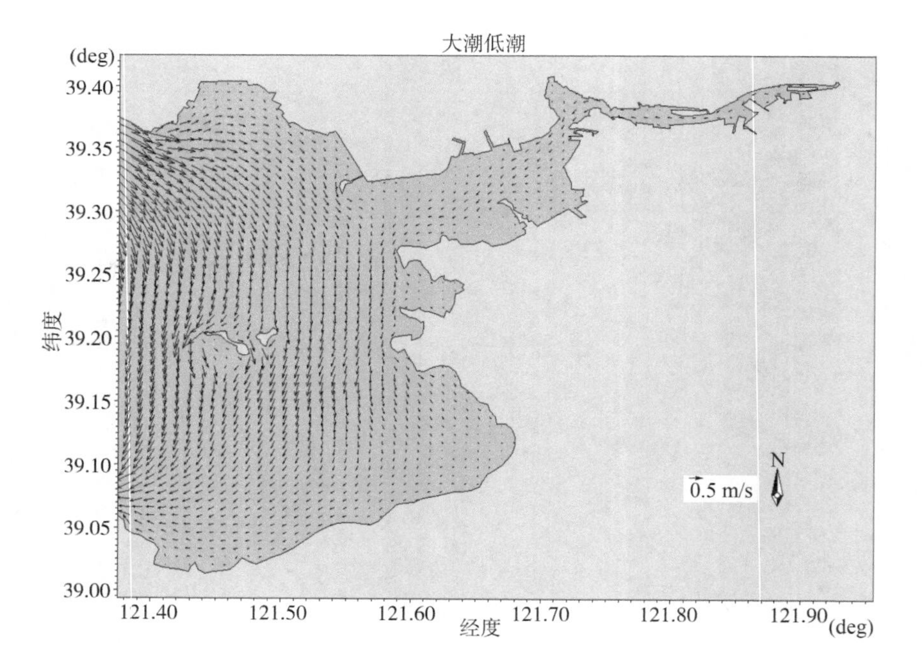

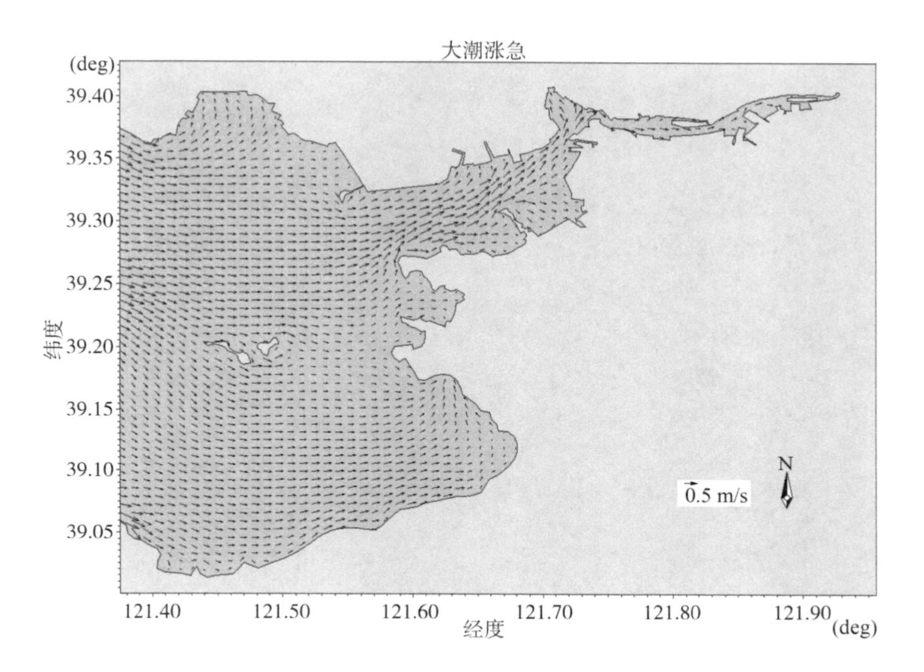
大潮涨急
(deg)
39.40
39.35
39.30
39.25
39.20
39.15
39.10
39.05
纬度
0.5 m/s
N
121.40
121.50
121.60
121.70
121.80
121.90
(deg)
经度

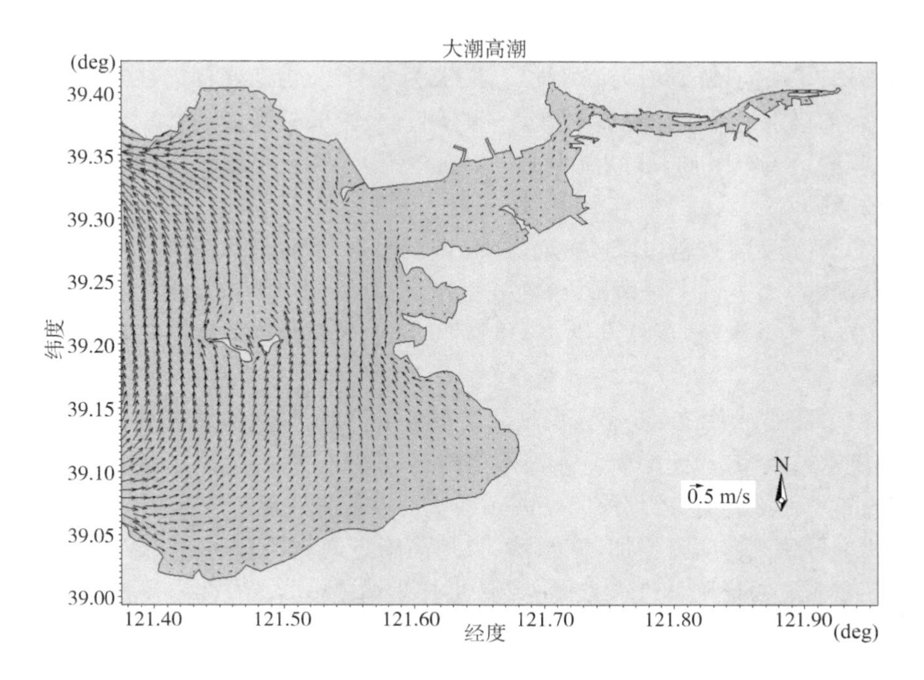
大潮高潮
(deg)
39.40
39.35
39.30
39.25
39.20
39.15
39.10
39.05
39.00
纬度
0.5 m/s
N
121.40
121.50
121.60
121.70
121.80
121.90
(deg)
经度

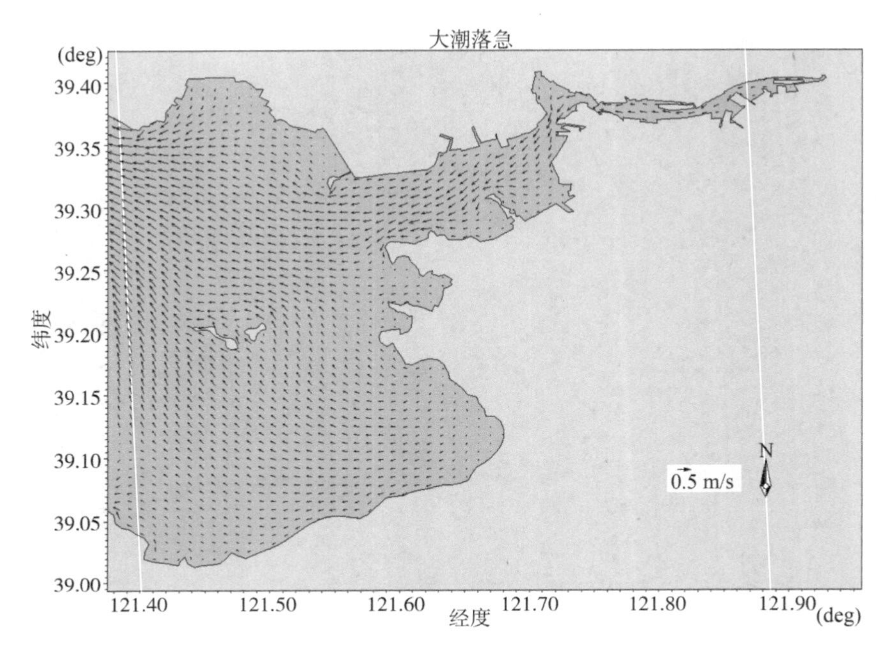

图 5.8　大潮期低潮、涨急、高潮、落急时刻潮流场矢量图

(1) 潮流运动形式:外部海湾从长岛海域至松木岛海域,海底为深槽,主流向呈 NE—SW 向,涨潮流为 NE 向,落潮流为 SW 向,沿海底深槽往复流运动特征明显;湾口附近介于往复流和旋转流之间。内湾部分潮流的运动形式为往复流,主流向呈 E—W 向,涨潮流为 E 向,落潮流为 W 向;单砣子附近海域流向呈 ENE—WSW 向。

(2) 潮流变化过程:外部海湾长岛海域至松木岛海域,大致在高潮前 5 h 左右至高潮后 1 h 左右为涨潮流,涨急发生于高潮前 4 h 左右;高潮后 1 h 至高潮后 4 h 左右为落潮流,落急发生于高潮后 3 h 左右。内部海湾与其相比要推迟 1～2 h。

(3) 潮流强度分布:流速大小从湾口至湾顶呈递增态势,从长岛至松木岛海域,由于水道束窄,流速增大。除松木岛附近近岸区外,其他岸区包括潮滩区流速普遍较小。涨急时,外部海湾长岛海域至松木岛海域流速约为 0.4 m/s,由于水道狭窄导致流速明显增加,簸箕岛、大连岛附近海域流速可达 0.7 m/s;岛屿附近存在明显的绕流,长岛附近海域流速可达 0.7 m/s。内部海湾南岸流速约为 0.5 m/s,明显高于北岸;落急时,海湾流速度明显低于涨急。外部海湾葫芦岛至松木岛海域流速约为 0.3 m/s,双坨子岛、大连岛附近海域流速约为

0.4 m/s，长岛附近海域流速可达0.4 m/s。内部海湾南岸流速约0.3 m/s，北岸流速约为0.1 m/s。

总体来看，普兰店湾呈三角形，湾口朝西南，属于正规半日潮，湾内流场呈现沿湾走向的往复流，湾口潮流主要为旋转流，葫芦岛以东海域则呈典型的往复流。在涨憩转落潮、落憩转涨潮时段内部分区域由于岸线的大幅凹凸变化使得短时环流出现，但都不算强。整个海域大、小潮期潮流运动形式基本相同，大潮潮流强度强于小潮潮流强度，且涨潮流速强于落潮流速。大潮期湾内最大涨潮流速为0.7 m/s，最大落潮流速为0.4 m/s。而小潮期湾内最大涨潮流速为0.2 m/s，最大落潮流速为0.1 m/s。航道上的流速较大，最大可达0.7 m/s，但由于滩涂约占普兰店内湾总面积的40%，摩擦效应显著，造成内湾非航道海域流速普遍较小，一般不超过0.3 m/s。

5.3　普兰店湾的海水交换能力和自净能力

5.3.1　基于粒子追踪法计算的海水交换能力

本次研究采用标识质点的拉格朗日数值跟踪方法研究普兰店湾的海水交换问题，运用质点跟踪的方法标示出海域内外的水质点，统计通过某界面流出海域的质点数，采用这种方法计算水体交换率，一旦标识质点穿越设定的界线，则认为水体已经发生了交换。拉格朗日质点追踪模型只考虑了水体流动引起的对流输送作用，计算得出的海水交换率因为是实时记录质点在湾内外的来去，可以直观、准确地体现海湾的海水交换能力。

(1) 计算方法

普兰店湾综合整治方案主要实施区域是在内湾，所以将重点研究区域以簸箕岛西南向附近单坨子处为界划分出来，界限划分控制点见表5.2和图5.9，1、2断面的东北海域在本书中被称为普兰店湾的目标海域。模拟计算时间为137.5天，以湾口为界在内湾每个计算网格内均匀分布一个示踪粒子，共4 940个，并以每4 h为一个步长，记录下825个时刻的变化。在潮流作用下，示踪粒子随水体运动，对所有粒子进行拉格朗日质点跟踪计算，直至结束。统计结束时流出普兰店湾的粒子数量N_1，计算其占初始时刻湾内粒子数量N_0的比率，得到湾内平均交换率。

表 5.2　界限划分控制点

界限划分控制点	坐标	
	经度(°)	纬度(°)
1(上)	121.713 092 1	39.373 664 97
2(下)	121.720 254 8	39.360 025 37

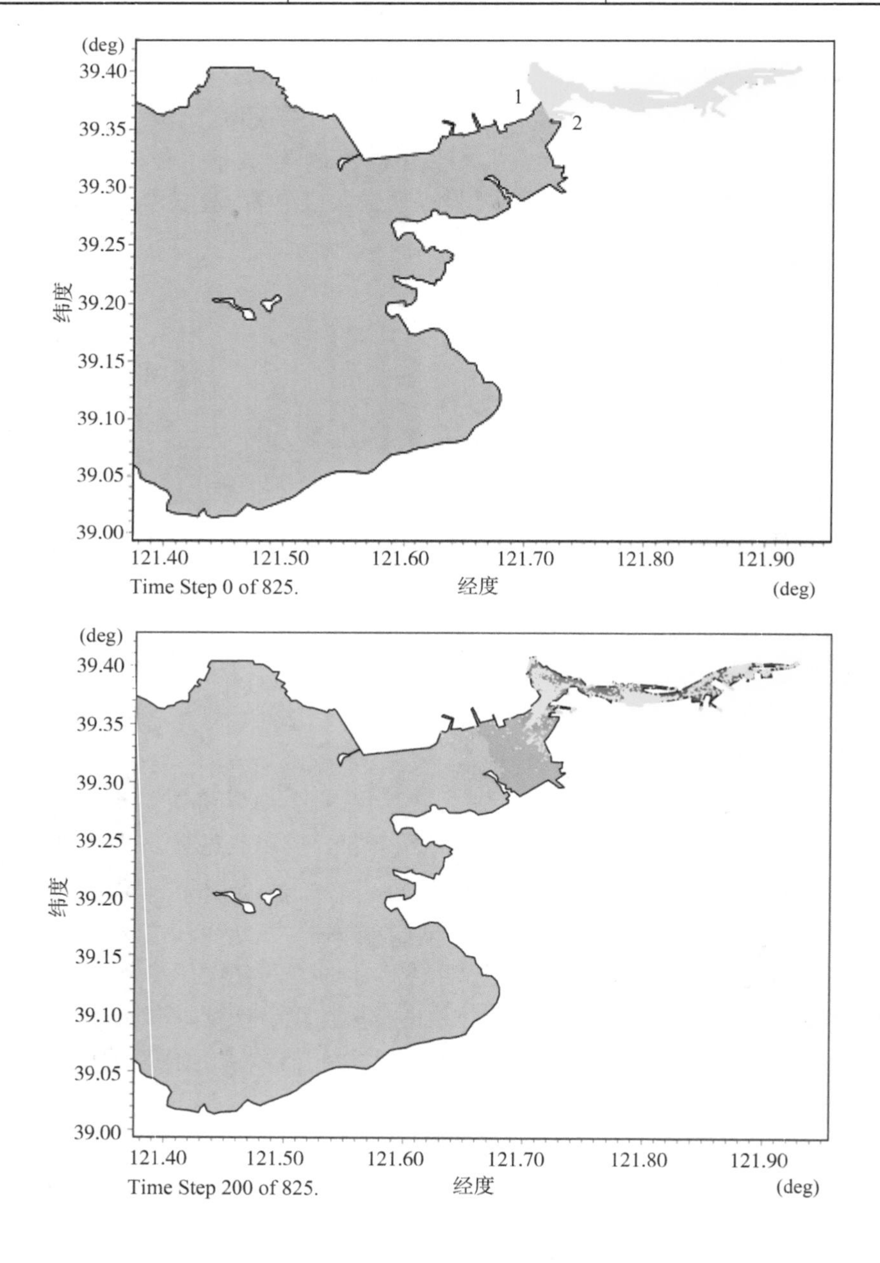

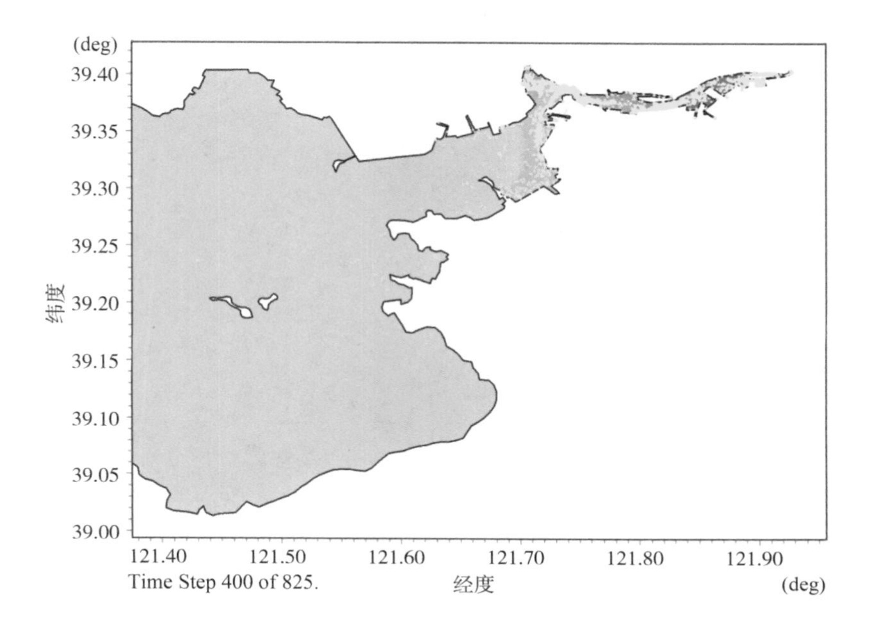
(deg)
39.40
39.35
39.30
39.25
39.20
39.15
39.10
39.05
39.00
纬度
121.40
121.50
121.60
121.70
121.80
121.90
Time Step 400 of 825.
经度
(deg)

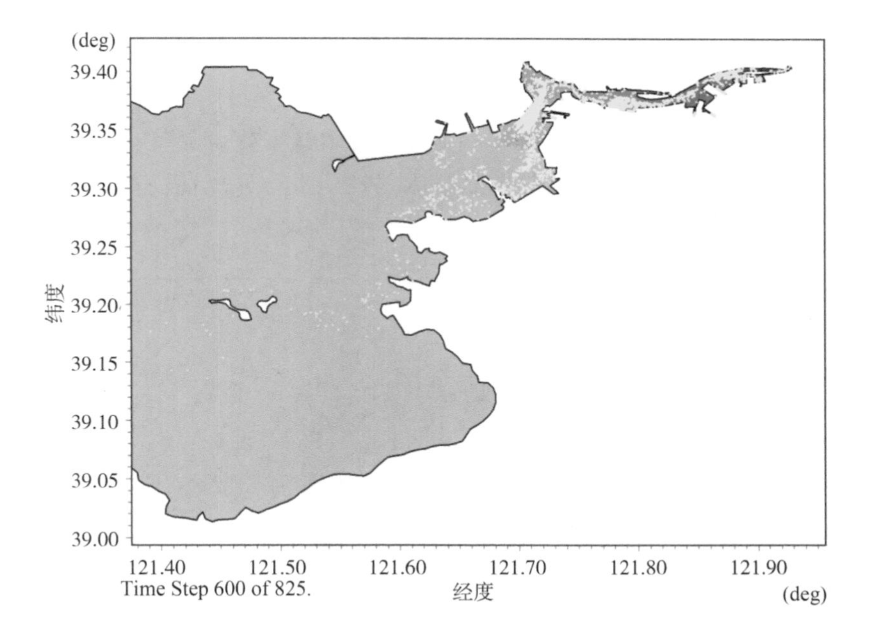
(deg)
39.40
39.35
39.30
39.25
39.20
39.15
39.10
39.05
39.00
纬度
121.40
121.50
121.60
121.70
121.80
121.90
Time Step 600 of 825.
经度
(deg)

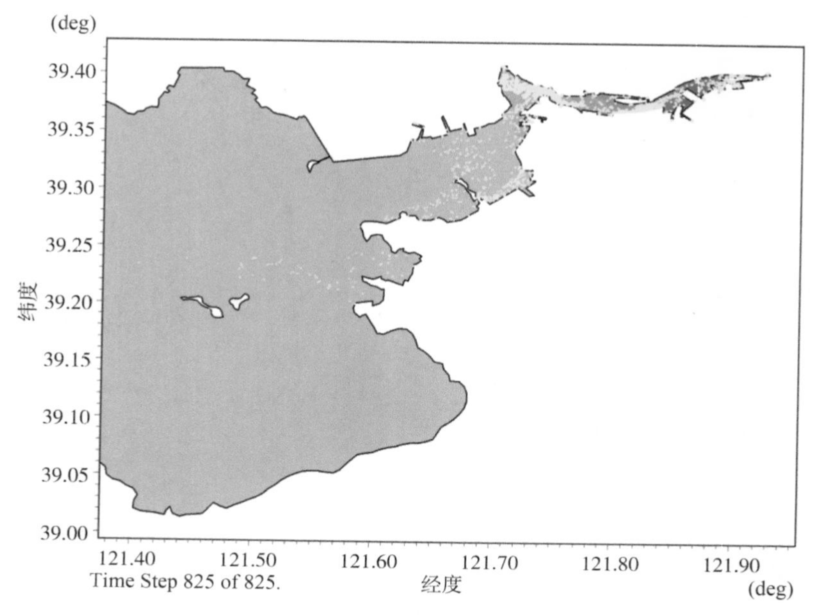

图 5.9　137.5 天释放粒子追踪范围图

（2）计算结果

在这 137.5 天的模拟时间内，示踪粒子的轨迹变化见图 5.9，由此计算得出整治前内湾的水体交换率见图 5.10。由粒子的轨迹变化可见，内湾由于水域面积狭长、岸线不平滑、湾口较窄等造成湾内的粒子很容易滞留，不容易交换到湾外。由此，得出的水体交换率与粒子变化趋势基本一致，交换率的震荡幅度

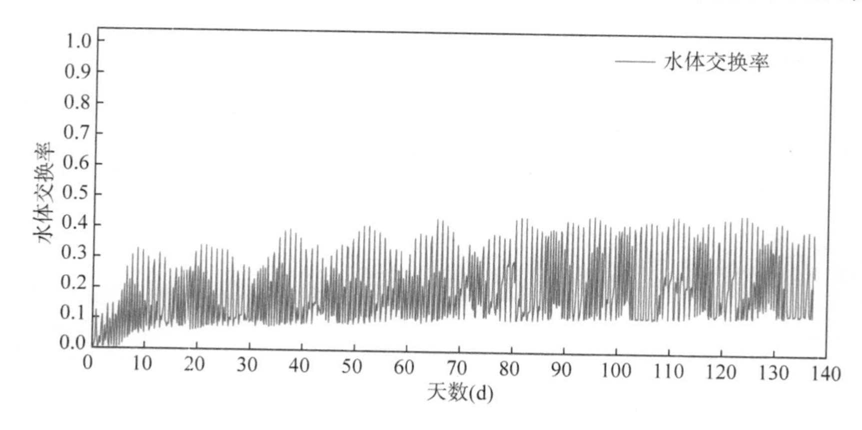

比较大，最终趋于稳定的数值在 0.2 左右。震荡幅度大的原因是粒子追踪实时记录着每个粒子的游动，因此得出的结果实时且明显。

5.3.2 基于保守物质模型计算的海水自净能力

（1）计算方法

依旧以簸箕岛西南向附近单坨子处为界划分，分界线划分控制点见表 5.2 和图 5.11。在初始时刻将湾内浓度设为 1，假设该区域内遭受污染。根据浓度扩散方程，计算得到了保守物质在普兰店湾水域中 137.5 天的扩散输移以及稀释过程，并以每 4 h 为一个步长，记录下 825 个步长的变化。图 5.11 显示了在这 137.5 天内保守物质的浓度变化分布图。图 5.12 和图 5.13 为普兰店湾整治前设定区域湾内浓度随时间的变化和相应计算的保守物质瞬时自净率的变化。

（2）计算结果

在 137.5 天的模拟时间内，浓度随着潮水的往复也波动变化，在整个模拟时段的初期(400 个步长内)，湾口处的浓度变化相对明显，但湾顶的浓度变化依旧很缓慢。一是由于湾顶围堰密布，使得过水通道运输不畅；二是因为湾顶相对封闭，潮汐的往复容易滞留。在后半段的模拟期内，尤其是在 600 个步长后，浓度变化已经趋于稳定。湾顶浓度虽有大幅度降低，但相较于整个计算区域，该区域的浓度还是相对过高，这也是内湾的水体自净率趋于 0.6 的主要原因。

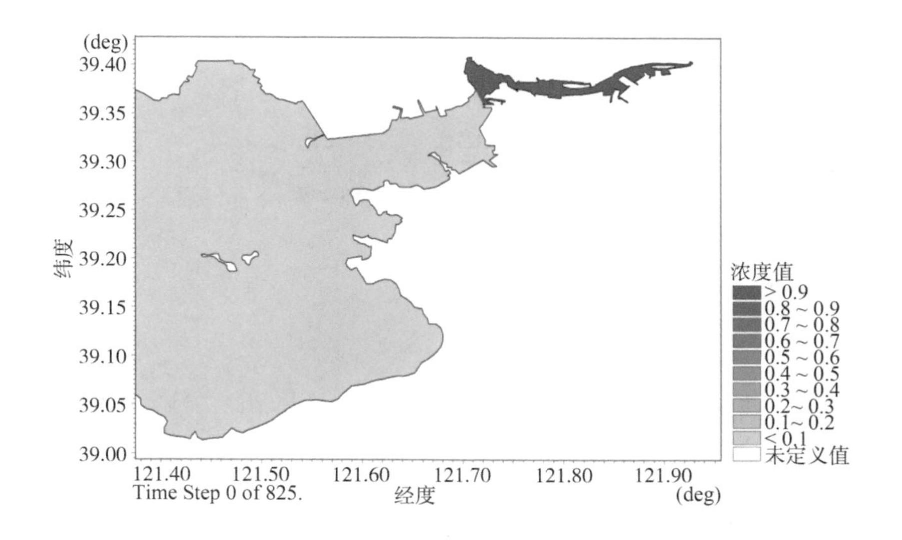

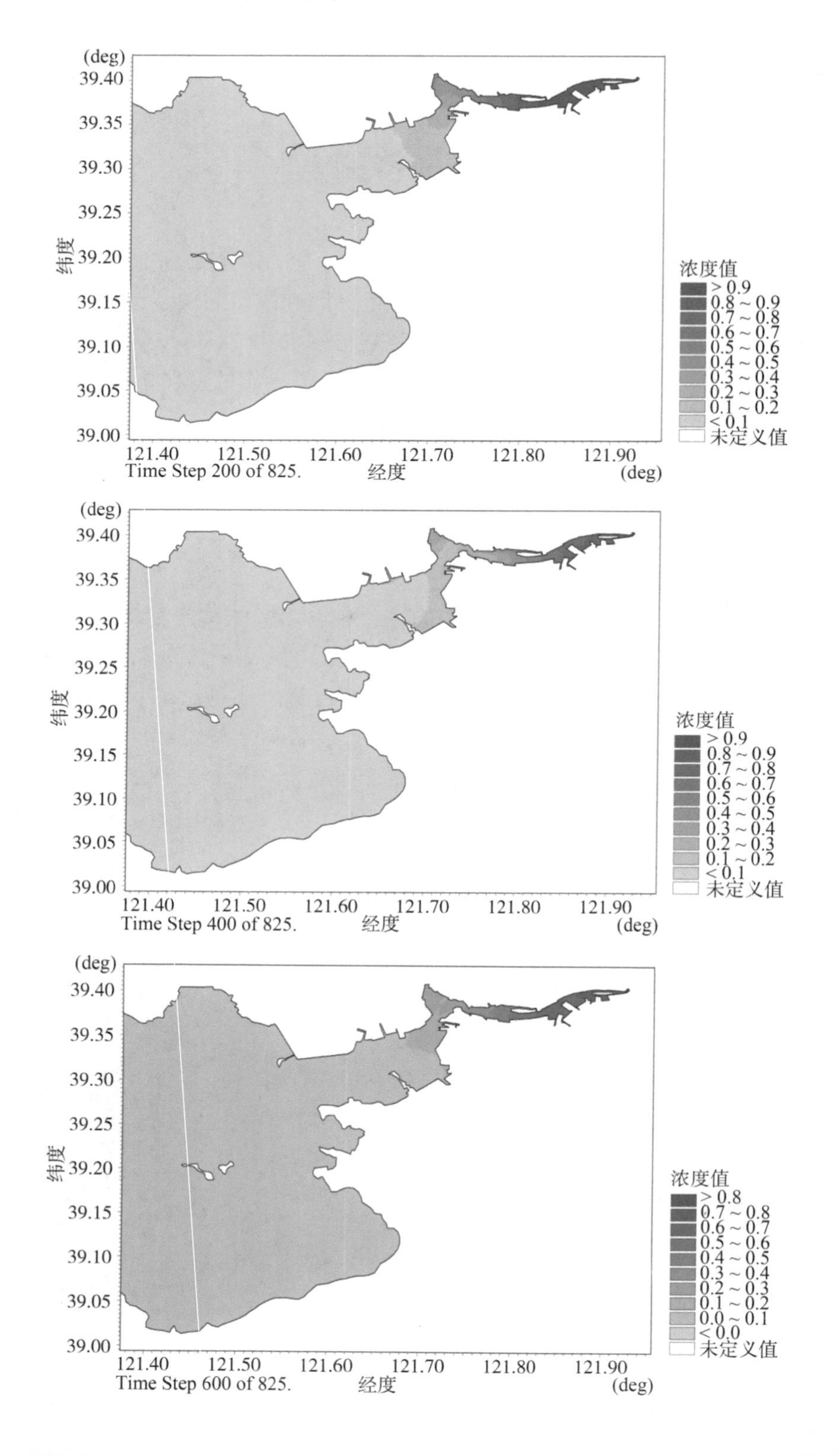
(deg)
39.40
39.35
39.30
39.25
39.20
39.15
39.10
39.05
39.00
纬度
121.40
121.50
121.60
121.70
121.80
121.90
Time Step 200 of 825.
经度
(deg)
浓度值
> 0.9
0.8 ~ 0.9
0.7 ~ 0.8
0.6 ~ 0.7
0.5 ~ 0.6
0.4 ~ 0.5
0.3 ~ 0.4
0.2 ~ 0.3
0.1 ~ 0.2
< 0.1
未定义值
Time Step 400 of 825.
Time Step 600 of 825.
> 0.8
0.7 ~ 0.8
0.6 ~ 0.7
0.5 ~ 0.6
0.4 ~ 0.5
0.3 ~ 0.4
0.2 ~ 0.3
0.1 ~ 0.2
0.0 ~ 0.1
< 0.0

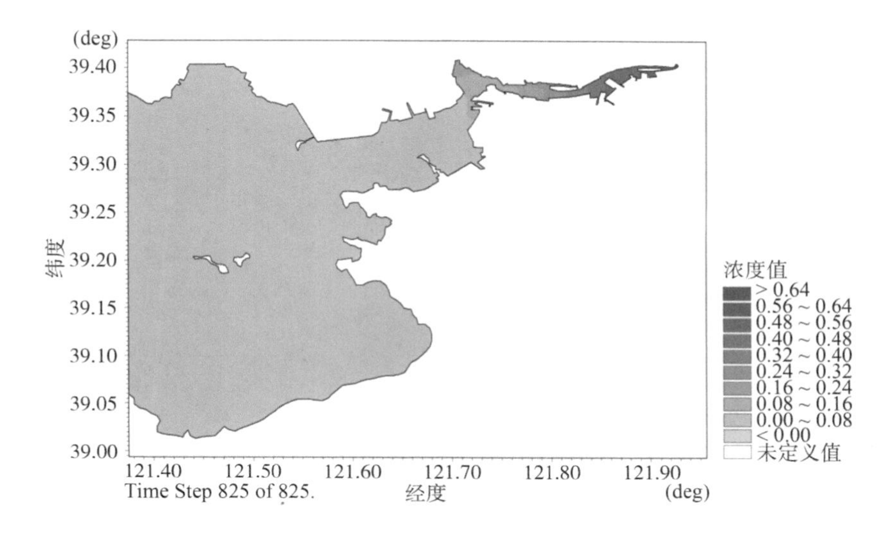

图 5.11　整治前 137.5 天浓度变化范围图

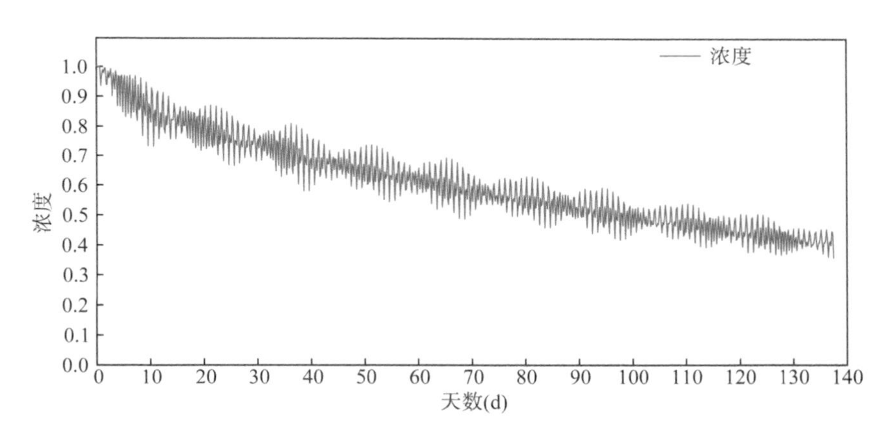

图 5.12　普兰店湾整治前内湾浓度随时间的变化

基于保守物质模型的海水自净率与由粒子追踪所得的湾内交换率的计算结果不同，粒子追踪交换率震荡的幅度要比海水自净率大。这是由于浓度属于均值变量，变化相对缓慢，而粒子追踪是实时记录每个粒子的游动，数据统计是实时的，所以明显。至于数值的差异，即 2.2 节相关的讨论，基于保守物质模型的海水自净率有考虑到浓度的扩散，而粒子追踪的对象是粒子本身的游动，所以这个差异是合理的。

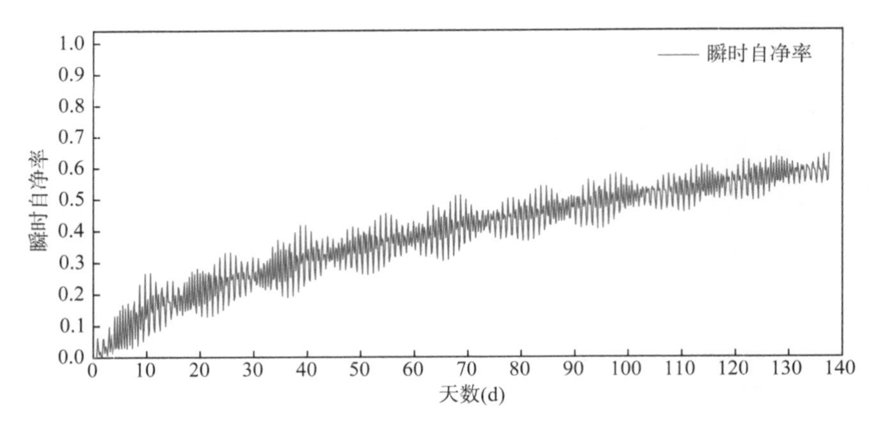

图 5.13　普兰店湾整治前内湾的瞬时自净率

5.4　本章小结

本章先是介绍了研究使用的水动力模型，模型采用了深度平均二维化浅水潮波方程，对普兰店湾海域的潮流场进行了数值模拟，并与实测点站位监测结果进行比对验证，计算结果说明该模型能够很好地模拟研究海域的潮流变化，证明该模型可行，可以进行进一步的计算。

在此基础上，分别以保守物质模型和粒子追踪方法对普兰店湾的海水交换状况进行模拟分析，并在普兰店海域湾内外水体交换达到稳态时，记录每一个时刻的变化，对整治前普兰店湾的海水交换率与海水自净率进行计算，得出整治前海水交换率为 0.2，海水自净率为 0.6。总体来看，两者的整体变化趋势基本一致，但基于粒子追踪法的海水交换率要比保守物质计算出的海水自净率要低得多，震荡幅度也要大些。这主要是由于浓度属于均值变量，而粒子追踪是实时记录每个粒子的游动，数据统计是即时且明显的。两个数值的差异，也印证了 2.2 节相关的讨论，基于保守物质模型海水自净率的计算有考虑到浓度的扩散，而粒子追踪的对象是粒子本身的游动，所以忽略扩散项，这个差值是合理的。

第六章

综合整治后普兰店湾的海水交换与自净能力

6.1　普兰店湾综合整治方案概况

6.1.1　方案提出的背景

中共大连市委十届七次全会于 2009 年 8 月 17 日召开，提出全域谋划、推动城市组团化发展的思路，规划将普湾新区纳入新市区组团，成为大连城市发展的重要区域。2010 年 4 月 9 日，普湾新区正式成立，成为拓展大连城市空间和引领大连经济腾飞，推动辽宁沿海经济带开发的核心区域。

普湾新区由于受东北亚、环渤海和日韩经济圈的辐射，在辽宁省沿海对外开放重点发展区域中发挥着举足轻重的作用。普湾新区作为东北沿海开放发展的战略要地之一，应充分利用其自身区位与政策优势来加大发展力度，适时制定发展策略，明确用地用海布局，完善配套服务设施，营造普湾新区滨海城市特色，综合提高普湾新区城市竞争力。

2014 年 7 月 12 日，国家发展改革委正式发布《大连金普新区总体方案》[81]，确定了金普新区“双核七区”协调发展的格局，金普新区将成为我国面向东北亚区域开放合作的战略高地。普湾新区作为“双核”发展区之一，政府重点推进普兰店湾沿岸地带开发建设，完善城市综合功能，意图将其建为行政服务、文化教育和生态宜居的城市综合服务核心区。

通过对普兰店湾沿岸地带现有 116 km^2 的围海养殖和盐田区域的整治开发，不仅可以围绕普兰店湾打造一个生态宜居的滨海新城，而且通过综合整治，使当前海域使用方式单一、海域使用效率低下的用海现状得到改善，从而增加普湾新区的居民亲海岸线，优化沿岸建设用地，拓展普湾新区的发展空间。

6.1.2　金普新区概况

大连金普新区设立于 2014 年 6 月，是全国第 10 个、东北地区第 1 个国家级新区，总面积 2 299 km^2，是 19 个国家级新区中陆域面积最大的。

金普新区的申报要追溯到大连市政府于 2003 年提出的“西拓北进”规划，但之后辽宁省委、省政府提出了“五点一线”沿海经济带开放战略将其暂缓。直到 2007 年，大连市有意在普兰店建立“新市区”，城市中心向北迁移发展被再次提出，才使得大连申报国家级新区的构想初步成型，开始起草申报方案。2010 年 4 月 9 日，大连市将金州新区、保税区和普湾新区确定为大连新市区，启动新市区管理体制改革。2012 年 12 月 11 日，辽宁省人民政府向国务院申请设立大连金普新区，将金州新区、普湾新区及保税区合并。2014 年 6 月 23 日，大连金普新区获国务院批复，成为我国第十个国家级新区。

根据《大连金普新区总体方案》(以下简称《方案》)，金普新区的建设将按照主体功能区规划、海洋功能区划和大连市城市总体规划、土地利用总体规划要求，根据新区资源环境承载力、现实基础和发展潜力分层推进。近期将重点推进普兰店湾沿岸地带的开发建设，促进金州区优化发展；中远期将着力促进新区全面发展，形成“双核七区”协调发展的新格局。其中，“双核”发展区的部署方案主要有：

普湾城区——加快基础设施和公共服务设施建设，完善城市综合功能，大力发展总部经济、研发创新、高端医疗、高水平职业教育，将其建设成为便捷高效的行政办公、生活服务、文化教育中心和生态宜居的城市综合服务核心区。

金州城区——依托经济技术开发区、保税区和出口加工区，创造有利于多元文化融合发展的开放合作环境，集聚高端人才、资本、技术等要素，将其建设成为面向东北亚区域产业、技术和人才合作的核心区。

《方案》中提出，金普新区肩负着着力扩大对外开放、着力提升产业国际竞争力、着力推进新型城镇化、着力加强社会建设、着力加强生态文明建设和着力提高对东北地区的服务支撑能力等六项主要任务。

6.1.3 普兰店湾岸线整治及清淤项目实施方案

普兰店湾具有河口溺谷型的海湾特征，是呈东西走向的狭长海湾，湾内围海养殖堤坝密布，海湾生态服务功能逐年下降。亟待整治区域西起簸箕岛，向东上溯至海湾最顶端，湾内岸线总长度 45.0 km，水域总面积 51.6 km^2。主要整治内容包括人工养殖堤坝的拆除、海湾重点区域清淤及底质改造、海岛生态系统恢复、人工沙滩养护以及生态景观岸线建设等，整治修复的备选区域见图 6.1。

本整治方案修复区域为 C 区，作为国家资金投入的整治修复重点，海域面积为 2.6 km^2。整治方案实施后将对 2.6 km^2 的海湾水域进行清淤改造和水域拓展，清淤量约 222.4 万立方米。国家资金投入约 2 520 万元，地方将配套上亿元资金用于海湾清淤及岸线整治。

普兰店湾顶部区域的整治修复项目，见图 6.2，意图通过对普兰店湾湾顶重点区域的清淤，显著改善湾内水深条件，增强水体交换和自净能力，拓展海域发

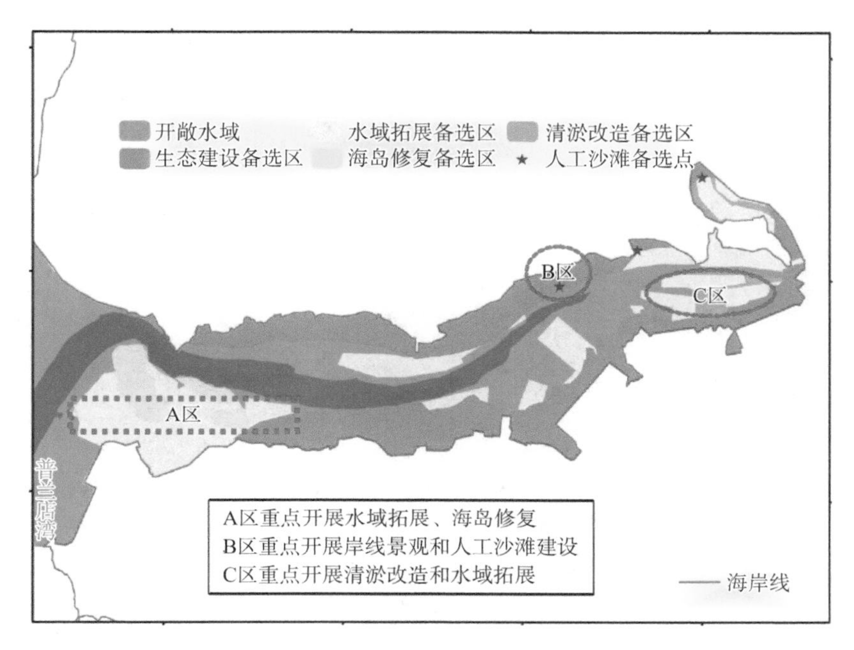

图 6.1　普湾新区岸线整治及清淤项目位置图

展空间，营造普兰店湾的海洋生态环境健康发展，图中的红色方框区域为国家资金投入整治修复范围。

此外，地方也配套上亿资金，通过对湾内周边人工养殖堤坝的清理，有效拓展湾顶区域的水域面积和水道宽度，改善湾口水道的水交换能力，全面改善普兰店湾区域水动力环境。另外，结合普湾新区城市总体规划，对普兰店湾顶区域岸线进行整治与景观改造工程，合理规划岸线开发用途，建设生态岸线与景观岸线，选择适当岸段，开展人工沙滩喂养，提升区域景观资源价值和旅游开发潜力，支持滨海宜居新城建设，有力地保障普湾新区发展乃至整个辽宁沿海经济带国家发展战略的实施。

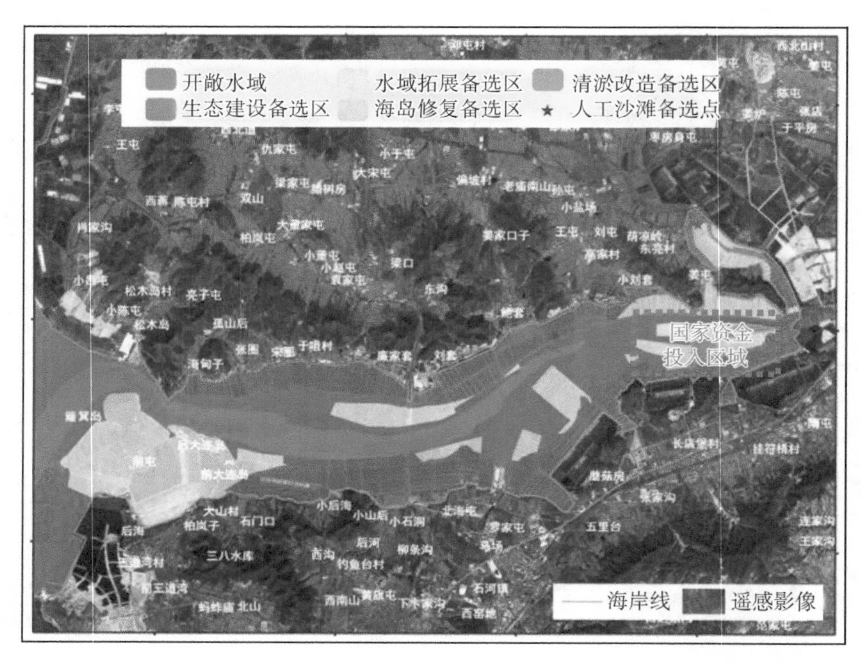

图 6.2　国家资金与地方政府配套资金共同整治修复实施示意图

6.2　综合整治后普兰店湾水动力环境的数值模拟

6.2.1　网格设置

根据普兰店湾岸线整治及清淤项目的实施方案，调整海岸线的位置和更新整治方案后的水深数据，重新界定计算海域面积，得出整治后的模拟区域范围。图 6.3 为整治后普兰店湾模拟区域潮流分布的网格图，采用非结构三角形网格，重点关注区域依旧是普兰店湾内湾，将此海域网格进行局部加密，见图 6.4。最小空间步长约为 20 m，随着网格设置的疏密，步长逐渐增大为 70～400 m，整治后整个计算区域的节点数为 5 420，单元数为 9 578。

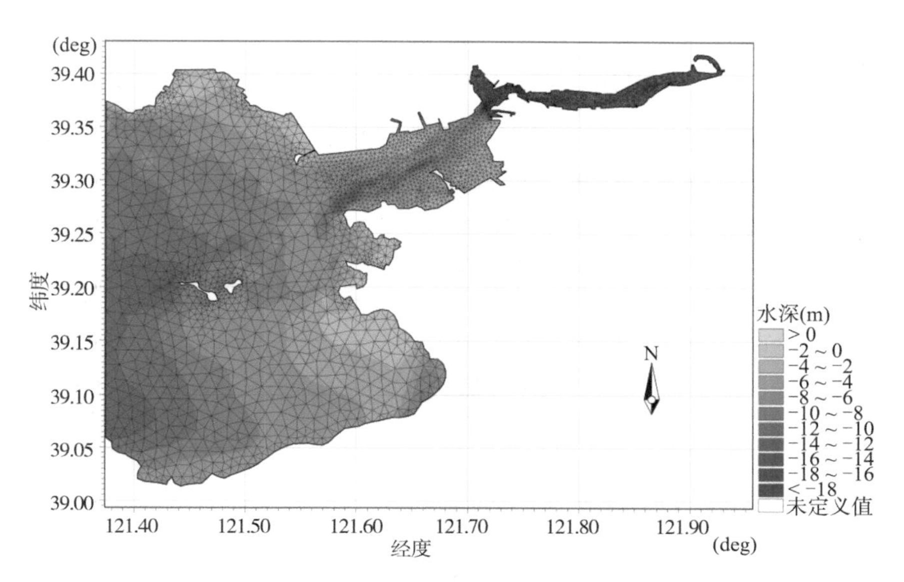

图 6.3　整治后潮流场计算海域网格图

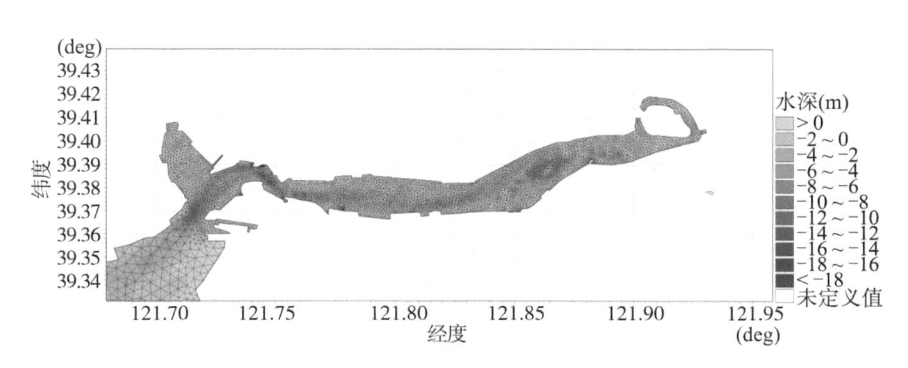

图 6.4　整治后普兰店湾局部(内湾)网格图

6.2.2　模拟结果分析

图 6.5 和图 6.6 分别给出了整治后普兰店湾海域整治后小潮期和大潮期内四个典型时刻(低潮时刻、涨急时刻、高潮时刻、落急时刻)的潮流场分布。从图中可以看出,整个计算域内,流场变化合理,无突变状况。

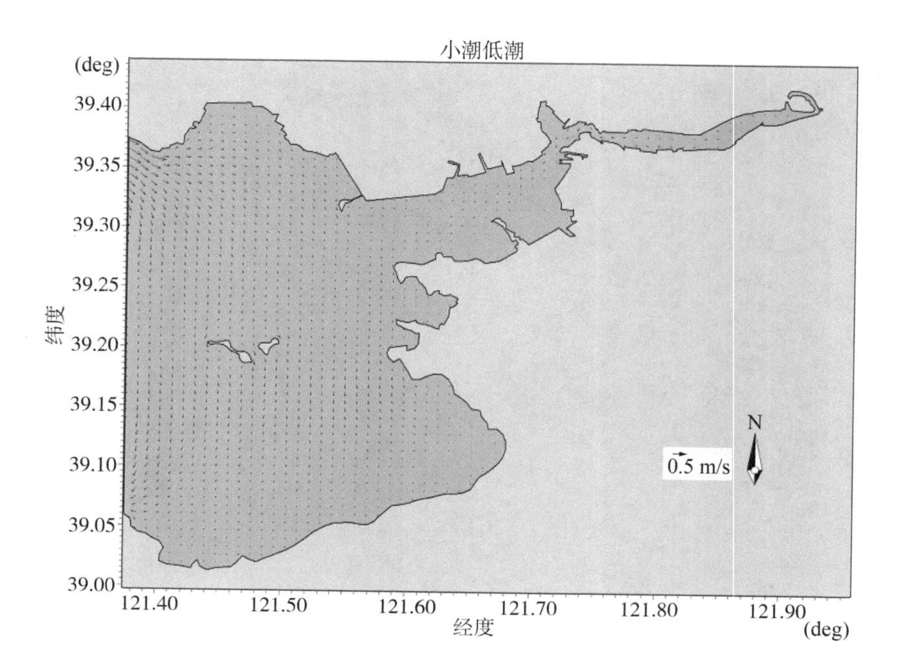
小潮低潮
(deg)
39.40
39.35
39.30
39.25
39.20
39.15
39.10
39.05
39.00
纬度
0.5 m/s
N
121.40
121.50
121.60
121.70
121.80
121.90
经度
(deg)

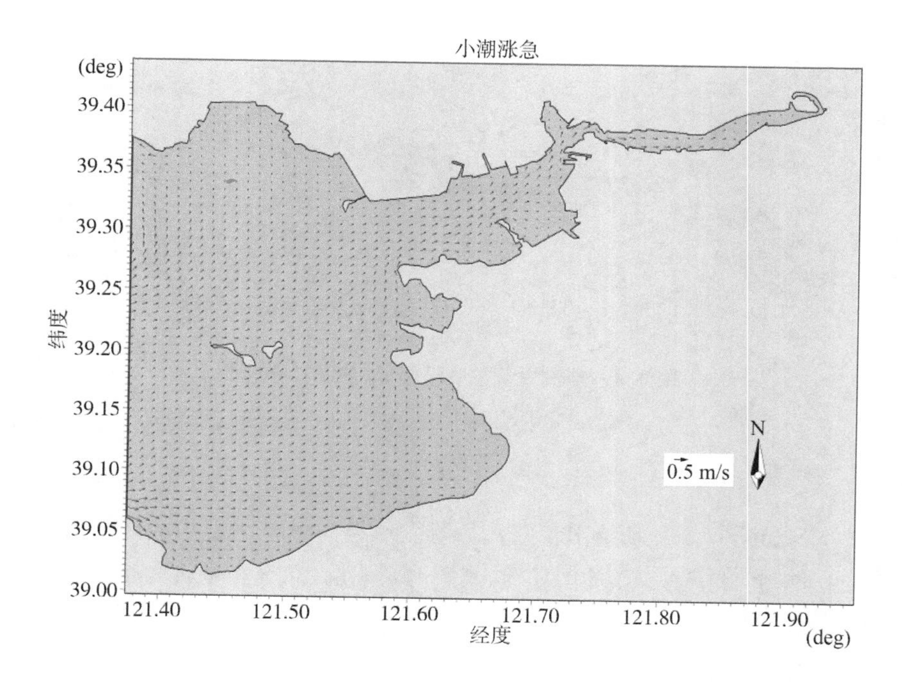
小潮涨急
(deg)
39.40
39.35
39.30
39.25
39.20
39.15
39.10
39.05
39.00
纬度
0.5 m/s
N
121.40
121.50
121.60
121.70
121.80
121.90
经度
(deg)

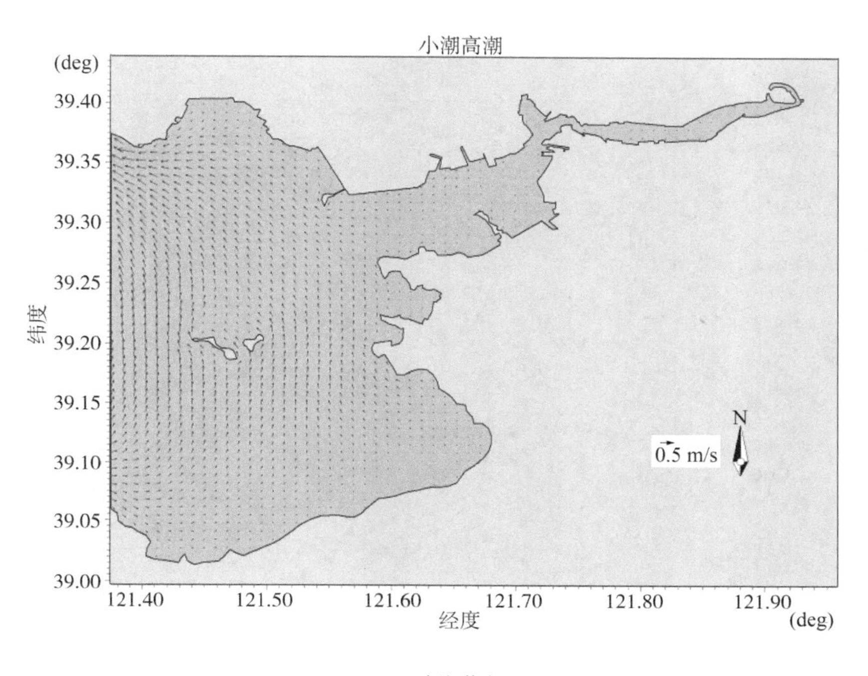

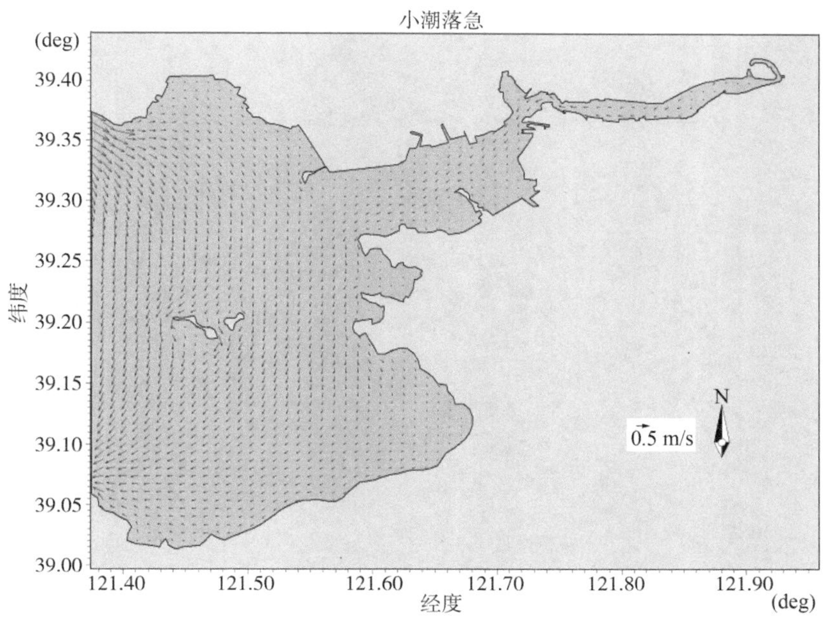

图 6.5　整治后小潮期低潮、涨急、高潮、落急时刻潮流场矢量图

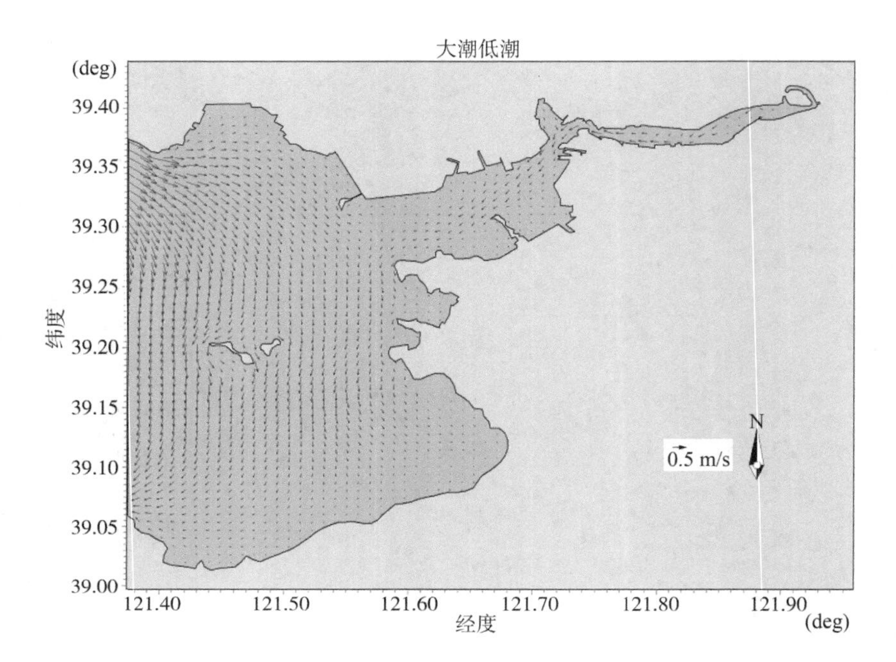
大潮低潮
(deg)
39.40
39.35
39.30
39.25
39.20
39.15
39.10
39.05
39.00
纬度
121.40
121.50
121.60
121.70
121.80
121.90
经度
(deg)
0.5 m/s
N

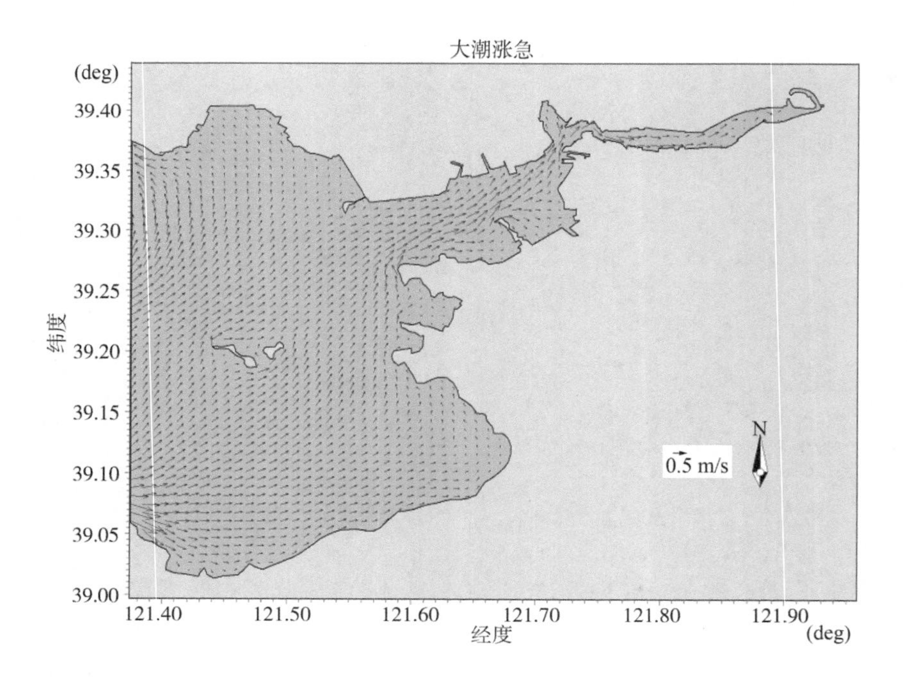
大潮涨急
(deg)
39.40
39.35
39.30
39.25
39.20
39.15
39.10
39.05
39.00
纬度
121.40
121.50
121.60
121.70
121.80
121.90
经度
(deg)
0.5 m/s
N

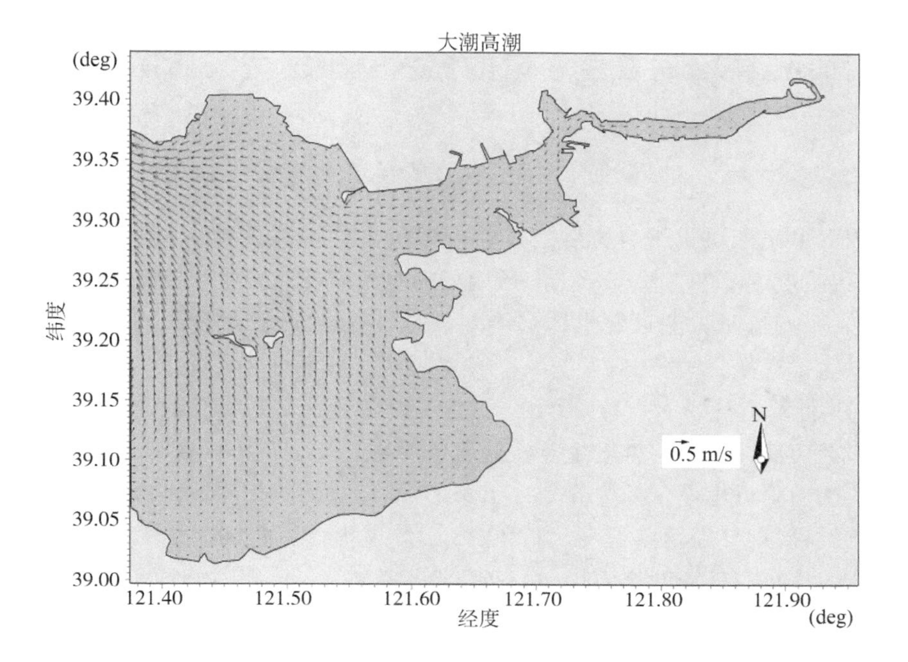

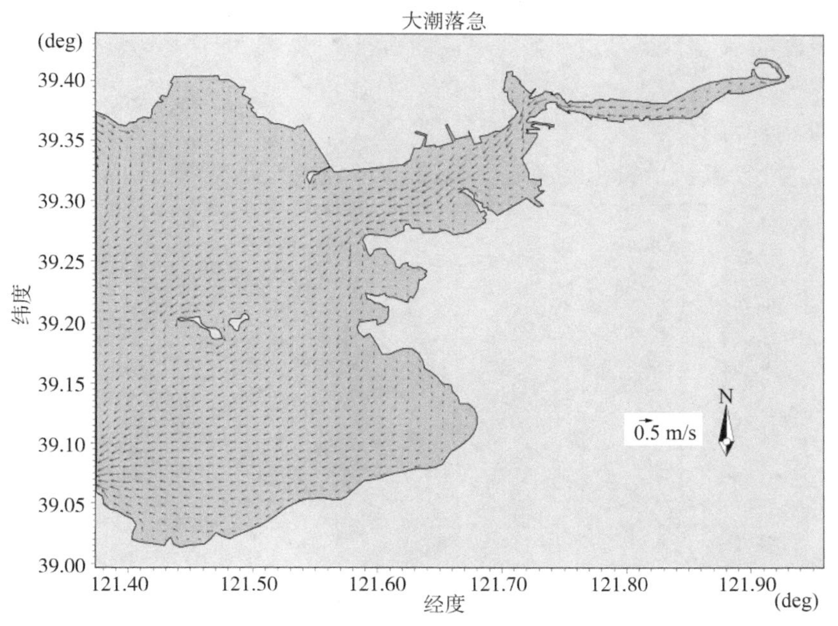

图 6.6 整治后大潮期低潮、涨急、高潮、落急时刻潮流场矢量图

6.3 综合整治后普兰店湾的海水交换能力和自净能力

6.3.1 基于粒子追踪法计算的海水交换能力

依旧采用标识质点的拉格朗日数值跟踪方法研究普兰店湾的海水交换问题，运用质点跟踪的方法标示出海域内外的水质点，统计通过某界面流出海域的质点数，采用这种方法计算水体交换率，一旦标志质点穿越设定的界线，则认为水体发生了交换。

(1) 计算方法

普兰店湾综合整治方案主要实施区域是在内湾，所以将重点研究区域以簸箕岛西南向附近里坨子处为界划分出来，为了与整治前相比较，界限点划分同第五章的设置，划分控制点见表 5.2 和图 6.7。模拟计算时间为 137.5 天，以湾口为界在内湾每个计算网格内均匀分布一个示踪粒子，共 4 940 个，并以每 4 小时为一个步长，记录下 825 个时刻的变化。在潮流作用下，示踪粒子随水体运动，对所有粒子进行拉格朗日质点跟踪计算，直至结束。统计结束时流出普兰店湾的粒子数量 N_1，计算其占初始时刻湾内粒子数量 N_0 的比率，得到湾内平均交换率。

(2) 计算结果

在这 137.5 天的模拟时间内，示踪粒子的轨迹变化见图 6.7，由此计算得出

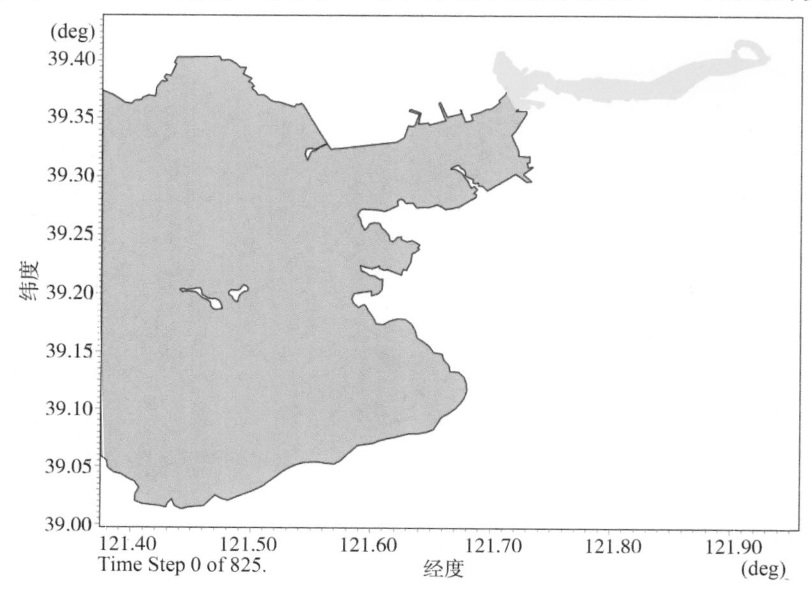

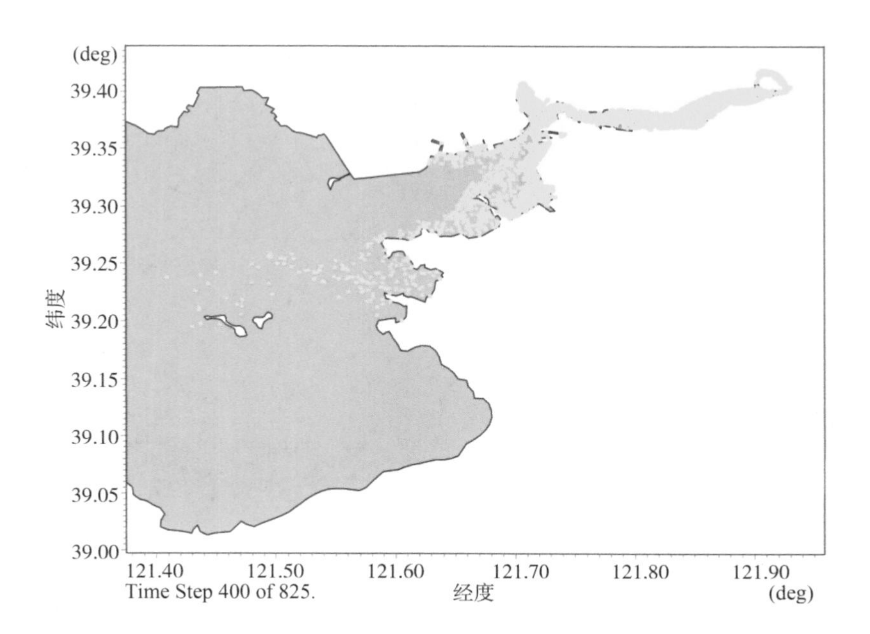

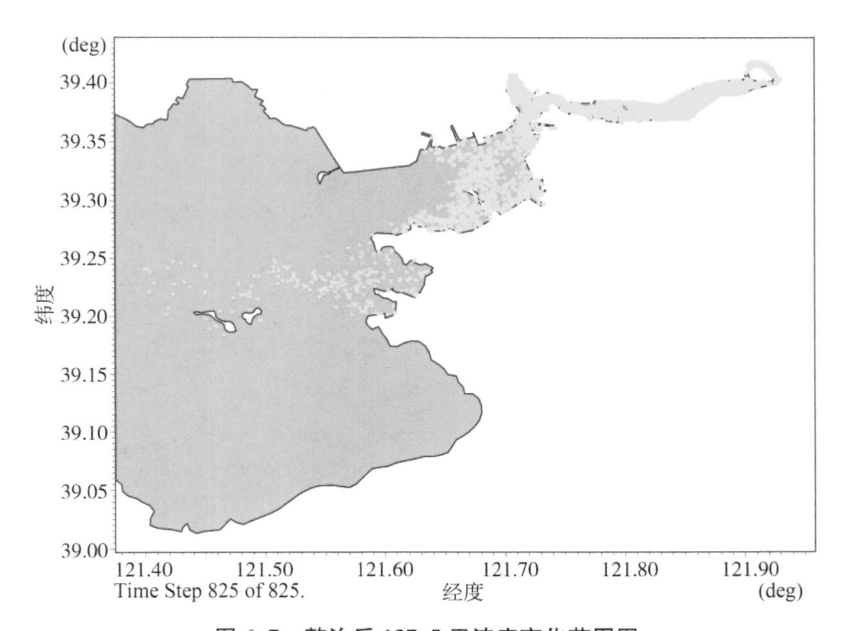

图 6.7　整治后 137.5 天浓度变化范围图

整治后内湾的水体交换率见图 6.8。整治后,粒子轨迹的整体变化趋势与浓度的变化基本一致,震荡幅度要比整治前大,但交换率的数值的增幅很小,最终趋近值为 0.3,比整治前略有增加。主要是因为内湾堤坝的拆除,使得湾内水交换畅通,但由于湾口的过水面过窄,湾内的交换能力即使提高,过水口处依然制约整体的交换能力。所以,震荡幅度大,数值也提高。

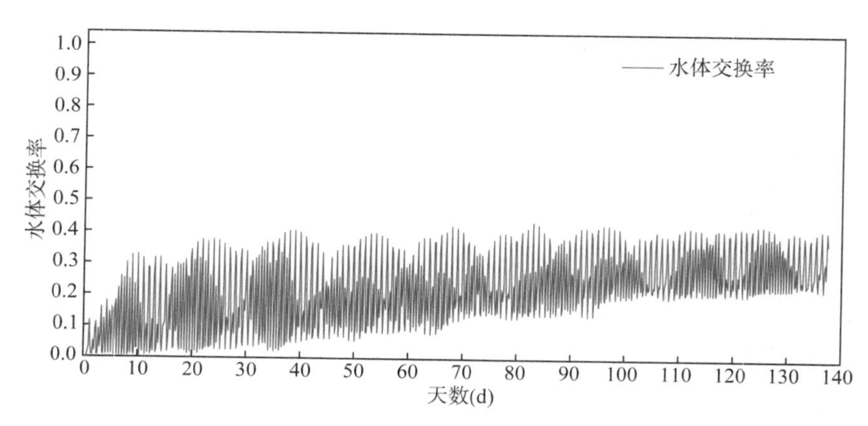

图 6.8　普兰店湾整治后内湾的水体交换率

6.3.2　基于保守物质模型计算的海水自净能力

(1) 计算方法

依旧以簸箕岛西南向附近里坨子处为界划分,分界线划分控制点见表 5.2 和图 6.9。在初始时刻将湾内浓度设为 1。根据浓度扩散方程,计算得到保守物质在普兰店湾水域中 137.5 天的扩散输移以及稀释过程,并以每 4 小时为一个步长,记录下 825 个步长的变化。图 6.9 显示了在这 137.5 天内保守物质的浓度分布。图 6.10 为普兰店湾整治后设定区域内湾水体瞬时自净率随时间的变化。

(2) 计算结果

整治后,自净率在 137.5 天的模拟时间内依旧随着潮水的往复波动变化但浓度变化最终的趋近值为 0.65,比整治前略高,主要是由于虽然湾内的堤坝拆除了,保证了湾内的传输,但湾口的宽度还是过窄,不利于内湾与外湾的水体交换。

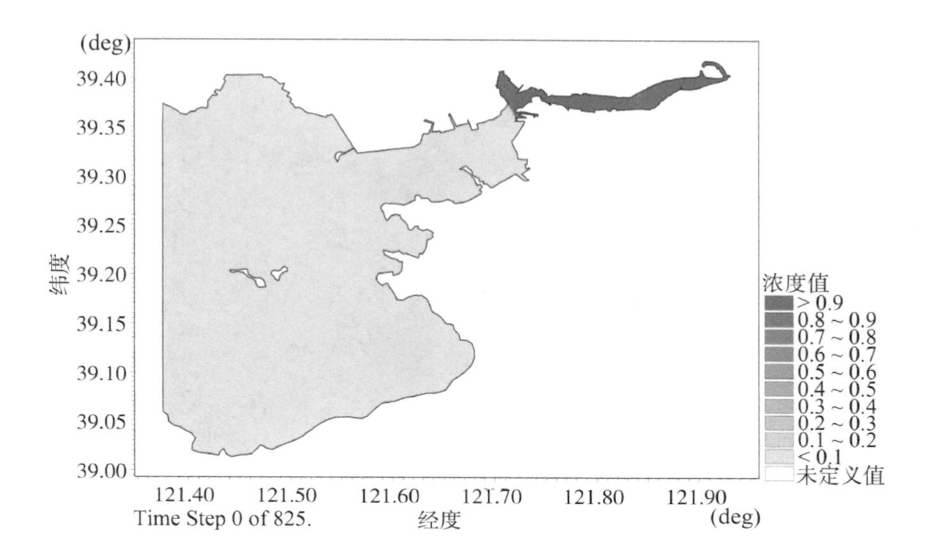
(deg)
39.40
39.35
39.30
39.25
39.20
39.15
39.10
39.05
39.00
纬度
121.40
121.50
121.60
121.70
121.80
121.90
(deg)
经度
Time Step 0 of 825.
浓度值
> 0.9
0.8 ~ 0.9
0.7 ~ 0.8
0.6 ~ 0.7
0.5 ~ 0.6
0.4 ~ 0.5
0.3 ~ 0.4
0.2 ~ 0.3
0.1 ~ 0.2
< 0.1
未定义值

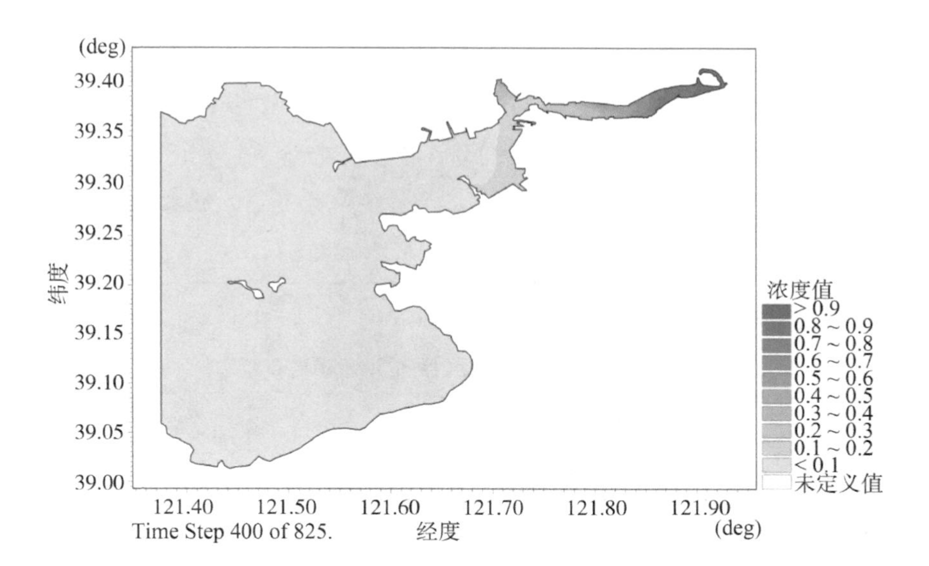
(deg)
39.40
39.35
39.30
39.25
39.20
39.15
39.10
39.05
39.00
纬度
121.40
121.50
121.60
121.70
121.80
121.90
(deg)
经度
Time Step 400 of 825.
浓度值
> 0.9
0.8 ~ 0.9
0.7 ~ 0.8
0.6 ~ 0.7
0.5 ~ 0.6
0.4 ~ 0.5
0.3 ~ 0.4
0.2 ~ 0.3
0.1 ~ 0.2
< 0.1
未定义值

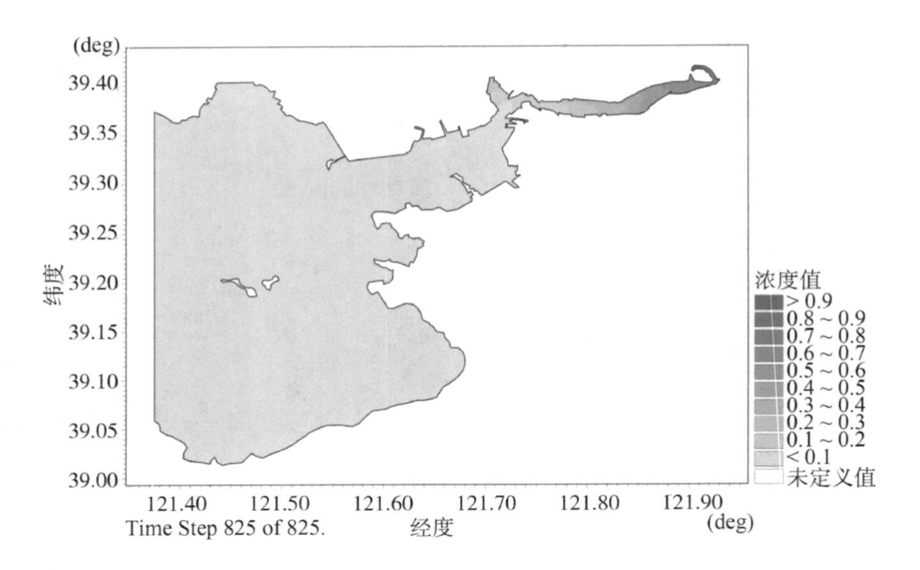

图 6.9　137.5 天浓度变化范围图

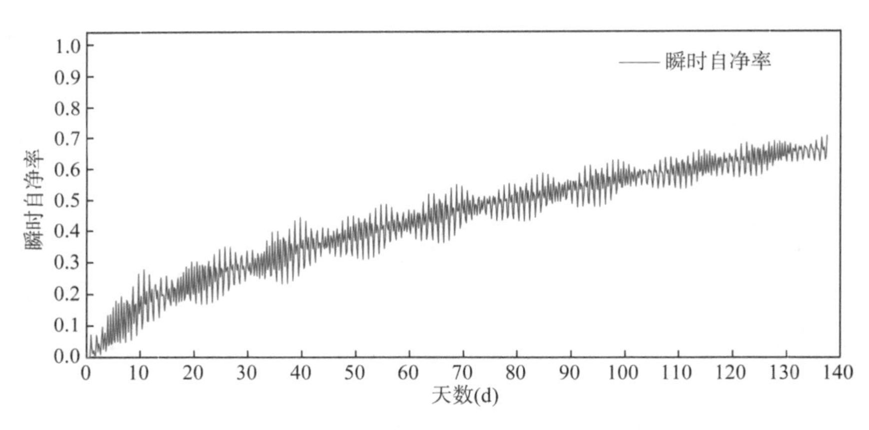

图 6.10　普兰店湾整治后内湾的海水瞬时自净率

6.4　整治前后海水自净能力和交换能力的对比

将整治前后的水体交换率进行对比，基于粒子追踪法的水体交换率见图 6.11，基于保守物质模型的自净率见图 6.12。整治后的海水交换率与自净率分别由整治前的 0.2 与 0.6 增加到了 0.3 与 0.65，整治后基于保守物质模型的海水自净率和粒子追踪法的海水交换率是有差别的。原因为，根据保守物质模型

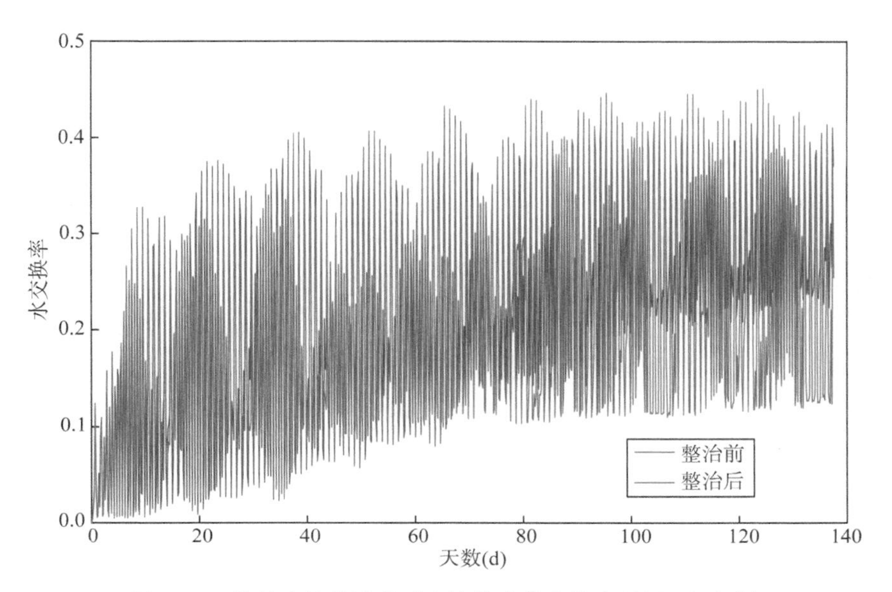

图 6.11 普兰店湾整治前后内湾的水体交换率(粒子追踪法)

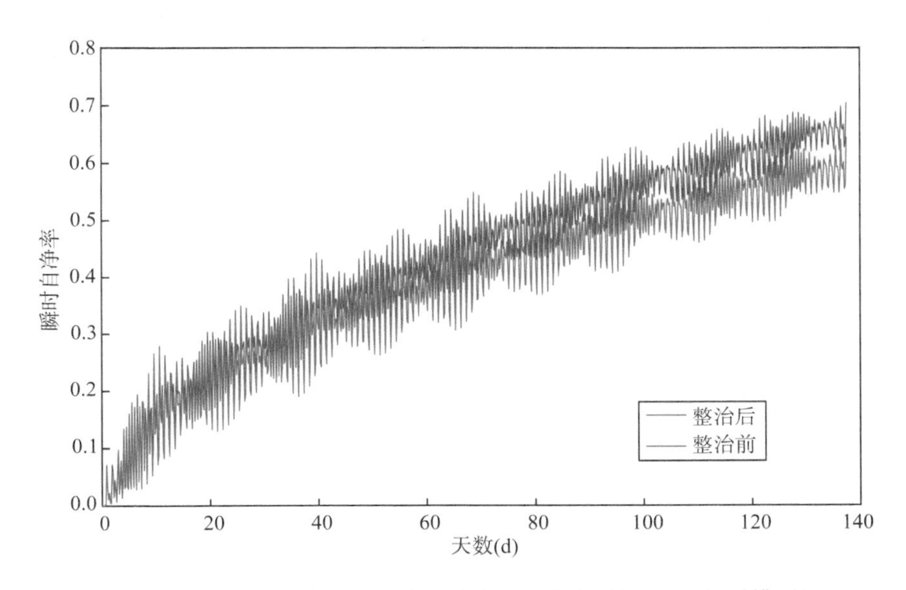

图 6.12 普兰店湾整治前后内湾的海水自净率(其于保守物质模型)

计算得出的交换率基于的是浓度扩散方程，浓度梯度不同会导致计算结果受浓度扩散因素的影响较大；而粒子追踪的对象是水质点本身，其路线轨迹是实时记录的，所以震荡幅度远大于前者。整治后，基于粒子追踪的震荡幅度要大于震荡前，虽数值比整治前高，但未达到根本性改善，这是因为受到了湾口的限制，即使整治后湾内水域面积增大，但控制点截断过水断面依旧太窄，该局限性不利于湾内水体交换。

6.5 本章小结

本章是结合普兰店湾综合整治方案，对海域内的海水交换能力和自净能力再次计算。模型采用的依旧是深度平均二维潮波方程，对整治后的普兰店湾潮流场数值模拟，并计算了整治后基于保守物质模型的海水自净率和粒子追踪法的海水交换率。整治后的海水交换率与自净率分别由整治前的 0.2 与 0.6 增加到了 0.3 与 0.65，可以看出，整治方案的实施对于湾内的海水交换能力是有增强作用的。无论是整治前还是整治后，普兰店湾内基于保守物质模型的海水自净率要明显高于粒子追踪法的海水交换率。原因是根据保守物质模型算出的海水自净率是基于浓度扩散方程计算的，由于浓度梯度不同导致计算结果受浓度扩散因素的影响较大；而粒子追踪的对象是水质点本身，其路线轨迹都是实时记录的，所以震荡幅度要远大于保守物质模型的海水自净率。整治后，基于粒子追踪的震荡幅度要大于震荡前，数值也比整治前略高，但增幅很小，未达到根本性改善，主要是因为由于湾口的限制，即使整治后湾内的水域面积增大，但控制点截断过水断面依旧太窄，其局限性依然不利于内湾水体交换。

第七章

普兰店湾的溢油污染应急对策

通过对普兰店湾整治前后的流场模拟和海水交换与自净能力的计算得出，整治后海水交换率由 0.2 增加到了 0.3，海水自净率由 0.6 增加到了 0.65，可见整治后普兰店湾的海水交换率与自净率虽有增加，但海水交换与自净能力没有得到根本性改善。原因是由于普兰店湾的海湾性质为溺谷型河口，以簸箕岛为界的东侧海域狭长，综合整治方案实施后虽然将湾内的堤坝拆除，平整了海岸线边界，湾口宽度依然很窄，使湾内的海水质点不容易借助对流作用而交换出去，从而限制了整治后普兰店湾海水交换与自净能力的提升。低至 0.3 的海水交换率意味着普兰店湾海域一旦发生污染，污染物很容易长时间滞留在内湾里，而内湾两岸的海域功能为工业与城镇区，在海域的承载能力如此脆弱的情况下，提高对该海域污染风险的防范是非常必要的。普兰店湾内湾口处的簸箕岛南北分别分布着松木岛港口航运区和三十里堡港口航运区，港口船舶的频繁作业和潜在的油轮碰撞溢油风险，使得普兰店湾海域遭受石油污染的可能性较大。在普兰店湾的海水交换能力和自净能力较弱的情况下，为了对该海域的溢油污染隐患进行防范，从普兰店湾近岸海域分离出一株能降解石油烃的交替假单胞菌，选择生物修复来提高普兰店湾的自净能力，为普兰店湾的溢油污染提供应急对策。

7.1　普兰店湾的溢油污染源

船舶溢油可分为操作性溢油[82]和事故性溢油两大类。操作性污染事故主要是由于设备故障、违章排放等造成的，这类事故大都发生在港区内部。这种情况下产生的溢油量通常较小，并且由于港池内的风浪较小、海流相对平稳、海水交换速度慢，溢油扩散的速度也比较慢。而且由于发生事故的地点离码头较近，在溢油后能够及时地进行应急处理，从而控制溢油的影响范围。事故性溢油主要是由于船舶的碰撞、搁浅、船体损坏、火灾、爆炸等造成所载货油或燃油泄漏。由于航道狭窄，船舶密度大，航道是容易发生碰撞事故的地点，且一旦发生，溢油量较大。

普兰店湾海域分布着三个规模较大的港口航运区，分别是内湾湾口处南部的松木岛港口航运区和湾口北部的三十里堡港口航运区以及内部湾口簸箕岛西南向的七顶山港口航运区（图 7.1）。航运区在运营过程中会有船舶溢油和化学品泄漏的可能性，如码头误操作事故、船体碰撞海难事故等，虽然事故发生概率较小，但是一旦发生就会对码头前沿、港池和周边海域造成一定程度的污染。普兰店湾的船舶污染风险主要是溢油事故，其中包含货油舱内货油泄漏和船舶燃

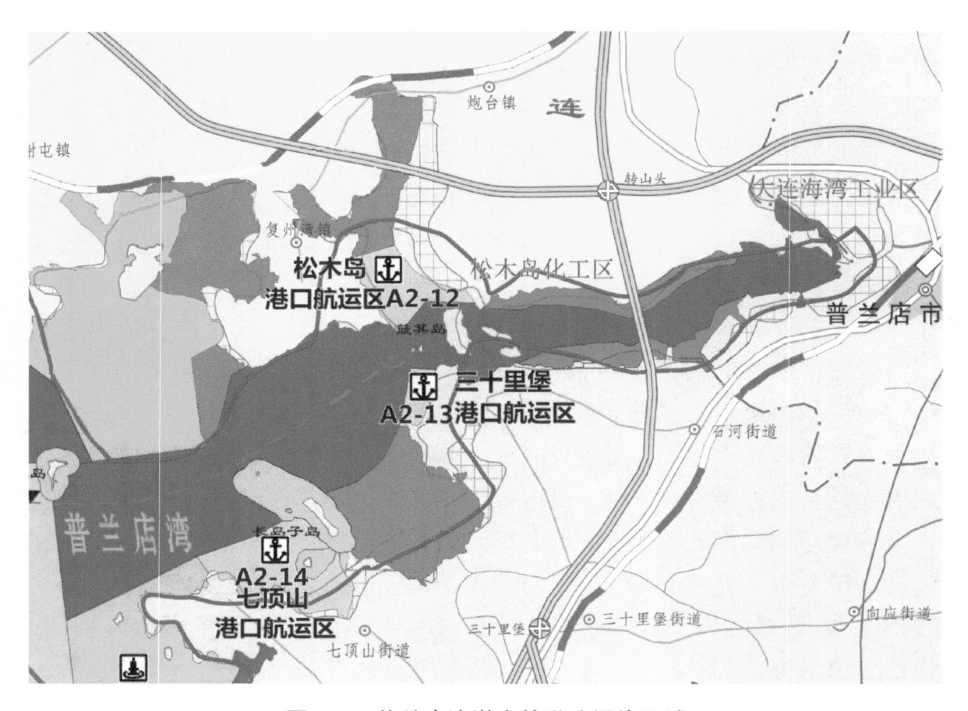

图 7.1　普兰店湾潜在的溢油污染区域

料油舱内燃料油泄漏。

溢油事故的发生导致石油进入海洋，石油在经历挥发、溶解、乳化、光化学氧化、微生物降解等一系列复杂的迁移转化过程后，会对海洋环境造成严重的破坏[83]。石油是一种黏稠的、深褐色的液体[84]，主要由碳和氢元素化合形成的烃类组成。石油污染物的输入类型可以分为慢性长期输入（如港口船舶作业等导致的输入）和突发性输入（如油轮碰撞导致的溢油事故）[85]。石油在进入海洋后不但影响海洋生物的生长，对海岸活动和海洋资源的开采也会产生重大经济影响，使得该海域自净能力降低。

石油对海洋的毒害和污染主要与海洋生物系统的多样性和对油污染的敏感性有关，因此造成的影响不完全取决于溢油量，在对石油相对敏感的区域内，少量溢油产生的破坏影响会远大于在荒凉礁石海岸发生的大量溢油。普兰店湾的内湾湾口相对狭窄，以簸箕岛为界，东侧水域宽度平均计算只有 1.5 km，部分海域东西向尺度还不到 1 km，内湾岸线的两侧主要分布是工业与城镇用海。西侧的水域宽度相对较宽，但平均计算也只有 5 km 左右，该区域除了湾口处的航运区，还有工业与城镇用海与旅游休闲娱乐区。普兰店湾的整体海域由于与沿岸陆地生产生活区域较近，一旦发生溢油污染，该区域是非常敏感的，因此要对其做好污染应急对策防范。

7.2　海洋溢油污染的处理方法和技术措施

海上溢油事故发生时，通常先采取有效措施防止溢油扩散，再根据溢油地点、范围大小、气象和海况条件等采用机械回收、化学或生物处理法，将溢油回收或在海上直接处理。目前用于海洋溢油治理的方法主要分为[86]物理处理方法、化学处理方法和生物修复技术三大类。

物理处理方法[87]主要是将溢油围堵限制在一定范围内，将水面油层收拢、集中，再加以回收。物理法的种类较多，经常采用的有重力分离法、粗粒化法、气浮法、加热分离法和吸附过滤法等。采用机械清除回收海面浮油的设备主要是围油栏和回收装置，能有效地限制溢油的扩散和转移。但当溢油量很大且风、潮流影响显著使得包围溢油困难时，机械清除的残留量较多，无法保证海域环境的安全。

化学处理方法是通过向污染区域添加化学试剂使其与石油污染物发生反应，从而改变石油的化学物理性质，方便其进行进一步回收降解。化学法可直接应用于溢油处理，也可作为物理处理法的后续处理。化学处理法主要包括[88]使用溢油分散剂、凝油剂、破乳剂等化学制品。

生物修复技术是利用某些天然存在于海洋且具有较强氧化分解石油能力的微生物来处理海上溢油，其特点是成本低、效果好、无二次污染[89]，也可以同其他能加快生物自然降解的添加剂结合使用。与物理和化学处理方法相比，生物修复[90]对环境造成的影响小，且修复成本较低，费用仅为传统物理、化学修复的30%～50%，因此应用前景广阔。海洋溢油污染的生物修复效果受[91]众多因素影响，如营养盐浓度、海水温度、pH、溶解氧浓度、石油的种类和数量等。加强海洋溢油污染生物修复效果的主要途径[92]有接种石油降解微生物、添加营养盐、添加生物表面活性剂、添加共代谢底物、进行微生物固定化等。

7.3　普兰店湾石油烃降解菌的筛选和鉴定

由 6.4 章节可见，普兰店湾的海水交换能力相对较弱，即使在整治后湾内的水质点也不容易随着对流作用交换出去，海水交换率仅为 0.3，基于保守物质模型计算出的自净率也只是由 0.6 增加到 0.65。总体来看，整治后的海水交换与自净能力并没有得到根本性改善。低至0.3的海水交换率意味着普兰店湾海域一旦发生污染，污染物很容易长时间滞留在内湾里，而内湾两岸的海域功能为工业与城镇区，在海域承载能力如此脆弱的情况下，提高对该海域污染风险的防范是非常必要的。松木岛港口航运区和三十里堡港口航运区分别分布在内湾口处的簸箕岛南北两侧，频繁的港口船舶作业和潜在的油轮碰撞溢油风险，使得该区域很容易发生海洋石油污染。通过对普兰店湾的粒子追踪可见，因为湾口的限制，湾内的质点与湾口外交换较难，所以考虑生物修复对普兰店湾溢油事故的发生进行防范，从而提高海域的自净能力。

海洋石油污染生物修复常用的技术[93]有：投加表面活性剂促进微生物对石油烃的利用；提供微生物生长繁殖所需的条件（供给氧气或其他电子受体，施加营养）；添加能高效降解石油污染物的微生物。

高效降解石油污染物的微生物修复主要是利用细菌，添加外源高效石油烃降解菌能够提高石油烃降解效率。这些细菌可以从土著微生物中进行富集，也可以是外源菌。现已发现的具有降解石油中各种组分能力的微生物有100多属，200多种[94]。在海洋环境中，常见的具有石油降解性能的细菌类微生物有[95]无色杆菌（*Achromobacter*）、假单孢菌（*Pseudomonas*）、节杆菌属（*Archrobacter*）、不动杆菌（*Acinetobacter*）以及放线菌（*Actinomycetes*）等。

为了减少松木岛港口航运区和三十里堡港口航运区的溢油事故给该区域的海洋环境以及沿海居民的健康带来的危害，从普兰店湾近岸海域分离出一株能降解石油烃的交替假单胞菌，为该区域海洋溢油污染生物修复提供菌源，提高普兰店湾的生物净化能力。

7.3.1 实验材料

(1) 培养基

实验用到的培养基主要为2216E液体培养基、2216E琼脂培养基和MMC无机盐液体培养基。

2216E液体培养基与2216E琼脂培养基购自青岛海博生物技术有限公司，其中2216E液体培养基主要组分：蛋白胨5 g；酵母膏1 g；磷酸高铁0.1 g；2216E琼脂培养基主要组分：蛋白胨5 g；酵母膏1 g；磷酸高铁0.1 g；琼脂15 g。

MMC液体培养基组分：NaCl，24 g；KH_2PO_4，2.0 g；Na_2HPO_4，3.0 g；NH_4NO_3，1.0 g；$MgSO_4 \cdot 7H_2O$，7.0 g；KCl，0.7 g；微量元素；去离子水1 000 mL，调pH为7.4，在121℃下高压灭菌后使用。其中微量元素组成：$CaCl_2$，0.02 mg/L；$CuSO_4$，0.005 mg/L；$FeCl_3 \cdot 6H_2O$，0.5mg/L；$ZnSO_4 \cdot 7H_2O$，

0.1 mg/L;$MnCl_2 \cdot 4H_2O$,0.005 mg/L。

(2) 实验用油

市售 0# 柴油。

(3) 试剂

本实验所用的主要实验试剂见表 7.1,各种化学试剂均为市售分析纯。

表 7.1　实验试剂

试剂	厂家
氯化钠(NaCl)	天津石英钟厂霸州市化工分厂
硝酸铵(NH_4NO_3)	天津市瑞金特化学品有限公司
氯化钾(KCl)	天津市大茂化学试剂厂
磷酸二氢钾(KH_2PO_4)	汕头市化学试剂厂
磷酸氢二钠(Na_2HPO_4)	哈尔滨市新春化工厂
硫酸镁($MgSO_4 \cdot 7H_2O$)	沈阳市试剂五厂
石油醚	北京化工厂
无水硫酸钠(Na_2SO_4)	天津市大茂化学试剂厂
生理生化反应试剂盒	青岛海博生物技术有限公司

7.3.2　实验方法

(1) 采样

石油污染的海水样品采自普兰店湾近岸海域的表层海水。

(2) 富集与驯化

将 100 mL MMC 培养液加入 250 mL 三角瓶中,高温灭菌,然后再加入 5 mL 海水样品和 1 mL 经 0.22 μm 无菌滤膜过滤后的柴油。将该混合液置入生化培养箱,在 150 r/min、22℃的条件下培养 7 天。从该培养液取出 5 mL 培养液加入 100 mL 含有高一梯度柴油浓度的 MMC 培养液中,培养 7 天。如此反复培养 3 个周期,柴油的浓度逐级增加至 10 mL/L、20 mL/L、30 mL/L。将未接种海水样品的 MMC 培养液做空白对照。

(3) 分离与纯化

细菌的分离与纯化采用稀释涂布法和平板划线法。将富集驯化后的培养液

1 mL 移入装有 9 mL 无菌去离子水的试管中，在涡旋振荡器上混匀，作为 10^{-1} 稀释液。之后吸取该试管中的 1 mL 菌液置于另一个装有 9 mL 无菌去离子水的试管内，作为 10^{-2} 稀释液。以此类推，形成不同浓度梯度的稀释液。分别吸取 0.1 mL 的不同稀释度的菌液，在 2216E 固体平板上涂布后放入生化培养箱，于 22℃下培养，直至长出清晰的菌落。挑选生长良好的菌落，在已灭菌平板上进行划线，在同样的条件下培养 2～3 天，反复多次，直到分离出菌落单一的菌株。

(4) 生长曲线测定

降解菌母液制备：将分离出的菌株接种到 2216E 液体培养基中，放入生化培养箱，于 22℃下培养 1 天，备用。

生长曲线测定：将盛有 100 mL 无菌 2216E 液体培养基的三角瓶 12 个分别编号为 1～12。各瓶中依次加入 5 mL 降解菌母液，22℃下振荡培养。第一天取 1 号三角瓶中菌液，用可见光分光光度计在 600 nm 条件下测定其吸光度。之后按序号每隔 24 h 依次测定菌液的吸光度，直到吸光度的数值明显下降。

(5) 石油烃降解率测定

菌株活化：将菌株接种到装有 100 mL 2216E 液体培养基的锥形三角瓶中，25℃、120 r/min 条件下培养 48 小时。

接菌：取菌体培养液 5 mL 接种至 100 mL MMC 液体培养基中，培养基中再加入 1 mL $0^{\#}$ 柴油，放入生化培养箱，22℃、120 r/min 摇瓶培养 7 天。设置空白对照组。

柴油标准曲线测定：柴油标准曲线的测定遵循图 7.2 所示的实验流程图。

石油烃萃取：取 3 mL 50%的硫酸溶液加入 100 mL 的 MMC 培养液中，进行酸化，然后移入 250 mL 的分液漏斗中。用 20 mL 的石油醚清洗空三角瓶，再把石油醚倒入分液漏斗，充分振荡后静置，直到液体分层。把下层液体转移到三角瓶中，用铺满无水硫酸钠的砂芯漏斗过滤上层液体并收集。萃取 2～3 次，然后合并上层萃取液。

石油烃降解率测定：萃取后，对萃取液按照 1/10 的比例逐级稀释，在 227 nm 的波长下测其吸光度。根据标准曲线，算出其相应的浓度。降解率的计算：降解率 $D=\dfrac{C_0-C_1}{C_0}\times 100\%$，式中 C_0 为对照瓶中柴油的浓度，C_1 为降解后的柴油浓度。

(6) 菌种鉴定

对所筛选出的菌株进行形态学观察、生理生化反应实验和 16SrDNA 基因

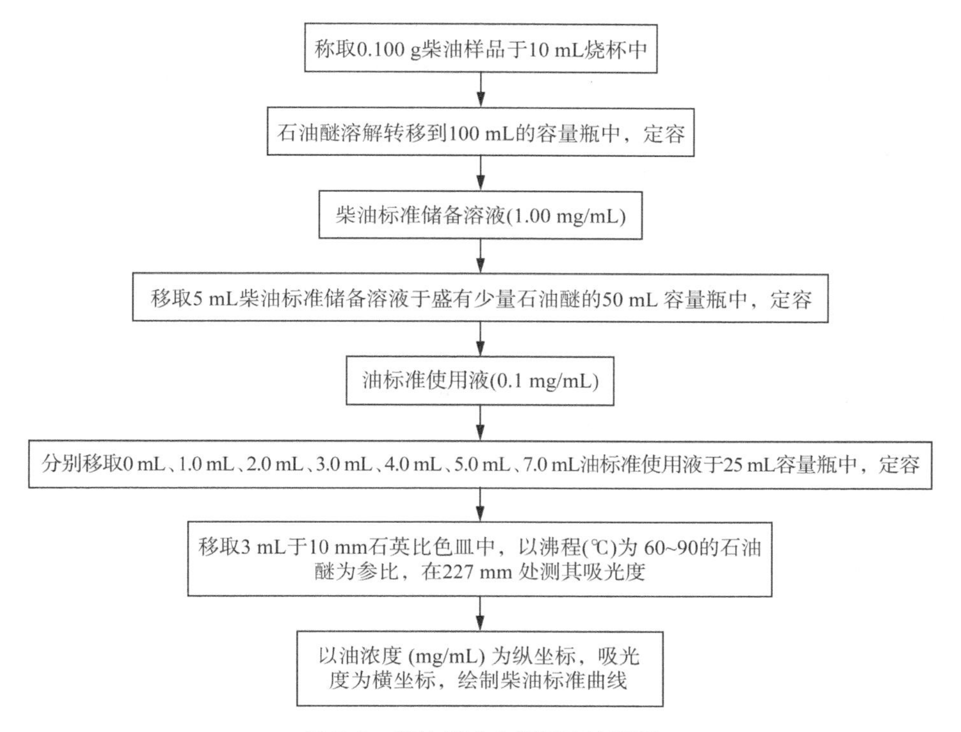

图 7.2　柴油标准曲线测定流程图

测序研究。

形态学观察：主要是观察菌落颜色、形状、大小、边缘结构等形态学特征。

生理生化反应实验：对所筛选出的菌株进行革兰氏染色和氧化酶实验、糖醇发酵实验、VP 实验、ONPG 实验、吲哚实验、明胶液化实验、硫化氢产出等生理生化实验。

16SrDNA 基因测序：16SrDNA 基因测序委托宝生物工程(大连)有限公司完成。将所测得的核苷酸序列提交到 NCBI 网站(http://www.ncbi.nlmnih.gov/)，采用 BLAST 进行对比分析，得到 Genbank 中与检索菌株亲缘关系最近的一系列菌株信息，通过 Mega 6.05 软件进行系统发育分析。

7.3.3　实验结果

(1) 菌种的分离

在富集驯化的初期，柴油呈膜状漂浮在液面上，油水分离。随着培养时间的推移，培养液越来越浑浊，柴油逐渐乳化，以液滴的形式分散在液相中。柴油液滴随着培养时间的延长越来越小，瓶底出现白色沉淀。表明培养液中存在能以柴油为唯一碳源的细菌。经过分离纯化后，筛选出一株优势菌进行下一步研究。

(2) 菌种的生长曲线

由图 7.3 可知，按 5%的接种量移取降解菌母液于 2216E 液体培养基中，降解菌经过短暂的适应期后迅速生长，培养基中的细菌浓度急剧上升。在前 4 天内 OD600 快速增加，表明 2216E 液体培养基中石油降解菌生长速度达到最大。经过大约 4 天的对数生长期后，虽增长速度放慢，但 OD600 仍缓慢继续上升，直到第 6 天，随着培养时间的增加，OD600 不再有大的变化，只是在很小的范围内做窄幅波动，表明石油降解菌逐渐进入生长稳定期。第 11 天，OD600 开始有下降趋势，之后迅速下降，细菌生长进入衰亡期。

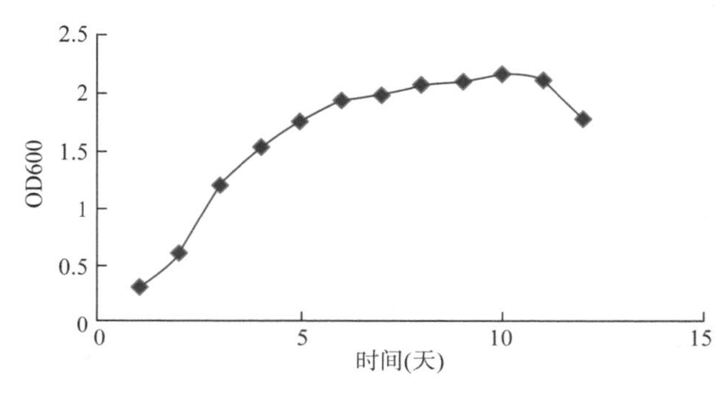

图 7.3　生长曲线

(3) 菌种鉴定

形态学观察：菌落为乳白色、不透明、隆起、边缘不规则，湿润。

生理生化反应实验：革兰氏染色结果为阴性，其他生理生化反应结果见表 7.2。

表 7.2　生理生化特性

项目	结果
ONPG	−
精氨酸	+
赖氨酸	+
鸟氨酸	+
柠檬酸	−
H_2S	−

续表

项目	结果
脲酶	—
乳糖发酵	—
吲哚	—
VP	—
明胶液化	—
葡萄糖发酵	—
甘露醇发酵	—
肌醇发酵	—
山梨酶	—
鼠李糖发酵	—
蔗糖发酵	—
蜜二糖发酵	—
苦杏仁甙	—
阿拉伯糖	—
氧化酶	—

16SrDNA 基因测序：菌株 16SrDNA 测序结果如图 7.4 所示。将测序所得的核苷酸序列提交到 NCBI 网站，用 BLAST 数据库进行比对，结果显示该序列与数据库中多株交替假单胞菌属（*Pseudoalteromonas*）的核苷酸序列相似性为 99%。

选取相似性较高的多株菌的核苷酸序列，用 Mega 6.05 软件进行系统发育分析，结果表明该菌株与交替假单胞菌属细菌进化关系最近，系统发育树见图 7.5。因此，该菌株为交替假单胞菌属细菌，将该菌株命名为 *Pseudoalteromonas* sp. HD-2。

交替假单胞菌属于细菌界，变形菌门（*Proteobacteria*）、γ-变形菌纲（*Gammaproteobacteria*）、交替单胞菌目（*Alteromonadales*）、交替假单胞菌科（*Pseudoalteromonadaceae*）。交替假单胞菌以前划分在交替单胞菌属（*Alteromonas*）中。1995 年 Gauthier 等根据 16SrDNA 序列的特点将其从交替单胞菌属中分离出来并建立了一个新属[96]。

目前交替假单胞菌属细菌共包括 36 个种，根据 16SrDNA 系统发育分析可

1 ACGCTGGCGG CAGGCCTAAC ACATGCAAGT CGAACGAGAC CTTCGGGTCT AGTGGCGGAC

61 GGGTTAGTAA CGCGTGGGAA CGTGCCCTTC ACTACGGAAT AGTCCCGGGA AACTGGGTTT

121 AATGCCGTAT ACGCCCTTCG GGGGAAAGAA TTTCGGTGAA GGATCGGCCC GCGTTAGATT

181 AGGTAGTTGG TGGGGTAATG GCCTACCAAG CCTACGATCT ATAGCTGGTT TTAGAGGATG

241 ATCAGCAACA CTGGGACTGA GACACGGCCC AGACTCCTAC GGGAGGCAGC AGTGGGGAAT

361 TCGTAAAGCT CTTTCGCCAG GGATGATAAT GACAGTACCT GTAAAGGAAA CCCCGGCTAA

421 CTCCGTGCCA GCAGCCGCGG TAATACGGAG GGGGTTAGCG TTGTTCGGAA TTACTGGGCG

481 TAAAGCGCGC GTAGGCGGAC CAGAAAGTTG GGGGTGAAAT CCCGGGGCTC AACCCCGGAA

541 CTGCCTCCAA AACTCCTGGT CTTGAGTTCG AGAGAGGTGA GTGGAATTCC GAGTGTAGAG

601 GTGAAATTCG TAGATATTCG GAGGAACACC AGTGGCGAAG GCGGCTCACT GGCTCGATAC

661 TGACGCTGAG GTGCGAAAGT GTGGGGAGCA AACAGGATTA GATACCCTGG TAGTCCACAC

721 CGTAAACGAT GAATGCCAGT CGTCGGCAAG CATGCTTGTC GGTGACACAC CTAACGGATT

781 AAGCATTCCG CCTGGGGAGT ACGGTCGCAA GATTAAAACT CAAAGGAATT GACGGGGGCC

841 CGCACAAGCG GTGGAGCATG TGGTTTAATT CGAAGCAACG CGCAGAACCT TACCAACCCT

901 TGACATCCTA GGACATCCCC AGAGATGGGG CTTTCACTTC GGTGACCTAG TGACAGGTGC

961 TGCATGGCTG TCGTCAGCTC GTGTCGTGAG ATGTTCGGTT AAGTCCGGCA ACGAGCGCAA

1021 CCCACATCTT TAGTTGCCAG CAGTTCGGCT GGGCACTCTA AAGAAACTGC CCGTGATAAG

1081 CGGGAGGAAG GTGTGGATGA CGTCAAGTCC TCATGGCCCT TACGGGTTGG GCTACACACG

1141 TGCTACAATG GTAGTGACAA TGGGTTAATC CCAAAAAGCT ATCTCAGTTC GGATTGTCGT

1201 CTGCAACTCG GCGGCATGAA GTCGGAATCG CTAGTAATCG CGTAACAGCA TGACGCGGTG

1261 AATACGTTCC CGGGCCTTGT ACACACCGCC CGTCACACCA TGGGAGTTGG GTTCACCCGA

1321 AGGCCGTGCG CCAACCTTTC GAGGAGGCAG CGGACCACGG TGAGCTCAGC GACTGGG

图 7.4 核苷酸序列

分为产色素和不产色素两个主要分支，分支内多数种的 16SrDNA 序列一致性非常高[97]。研究发现该属细菌能分泌多种活性物质与胞外酶，如低温蛋白酶[98]、胞外多糖[99]、抗菌[100]、色素[101]等，因此应用价值较高。交替假单胞菌仅分布于海洋环境中[102]，可以作为研究海洋细菌适应海洋环境机制的模式菌株。

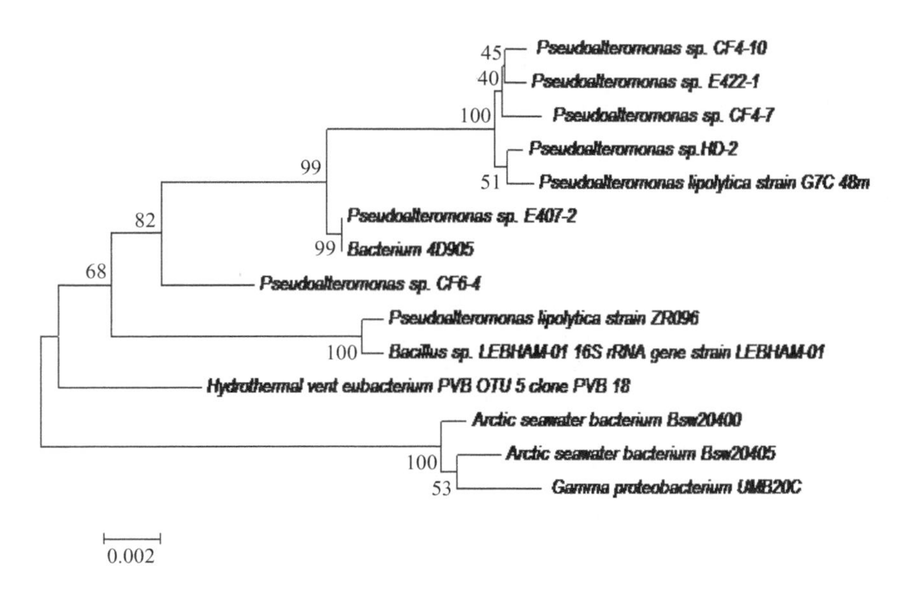

图 7.5　交替假单胞菌(*Pseudoalteromonas* sp. HD-2)系统发育树

(4) 石油降解菌株降解烷烃

对 C_8-C_{40} 混合标准品进行气相色谱法分析，得到各组分的保留时间，见图 7.6。

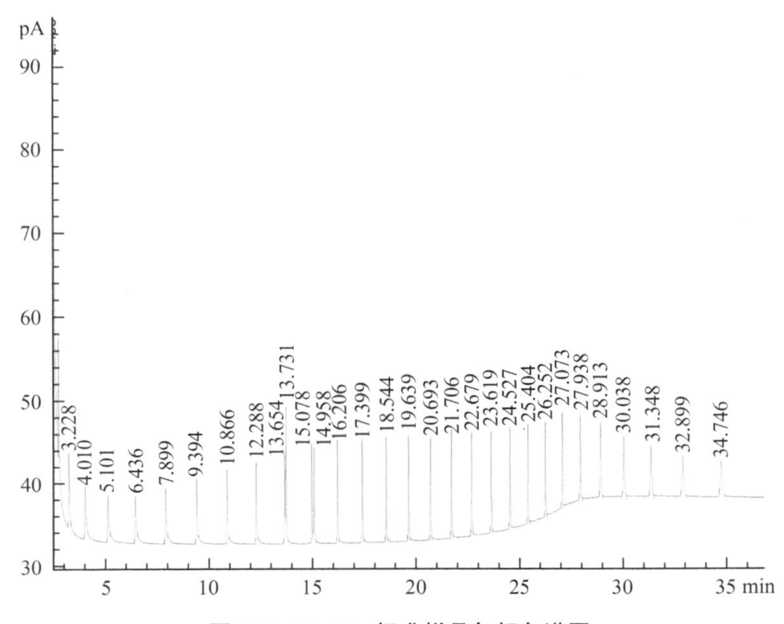

图 7.6　C_8-C_{40} 标准样品气相色谱图

在相同条件下对相同浓度的柴油标准样品、对照组空白样品和降解样品进行气相色谱分析，根据混合标准品谱图确定样品中的柴油组分，见图 7.7 至图 7.9。

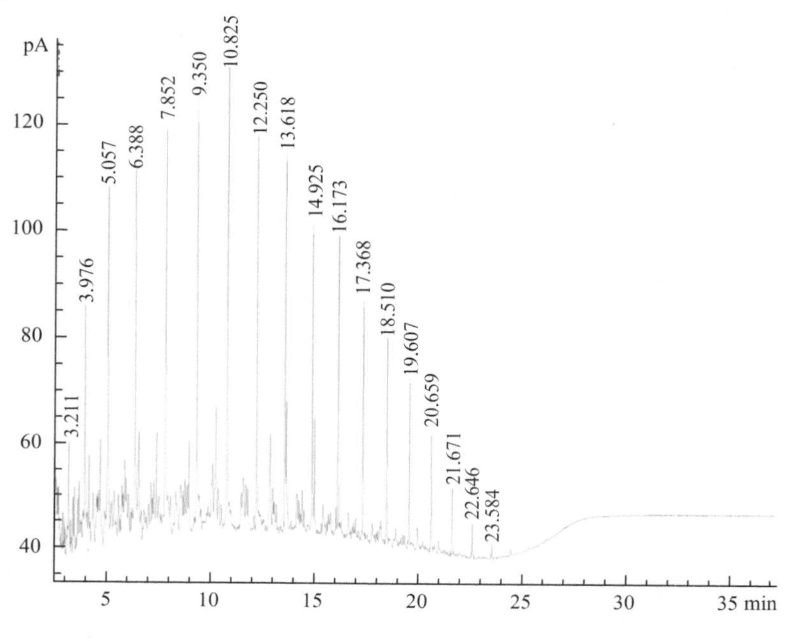

图 7.7　柴油标准样品气相色谱图

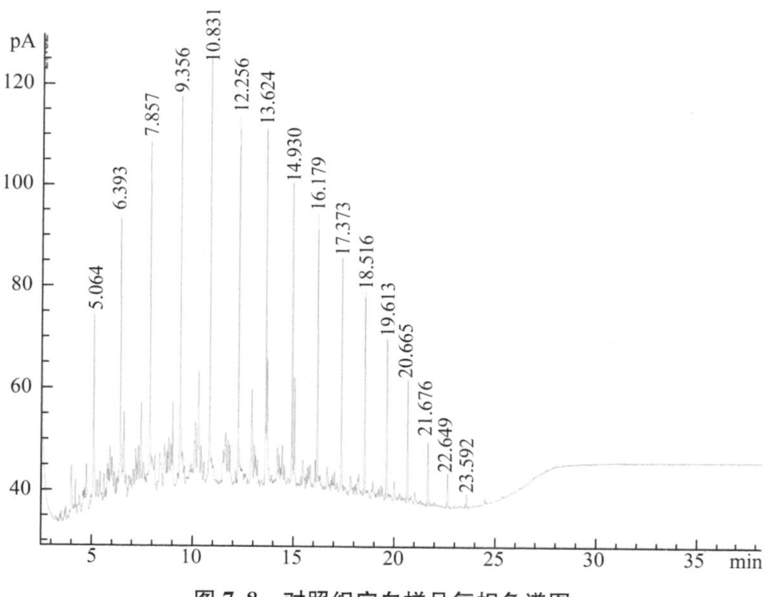

图 7.8　对照组空白样品气相色谱图

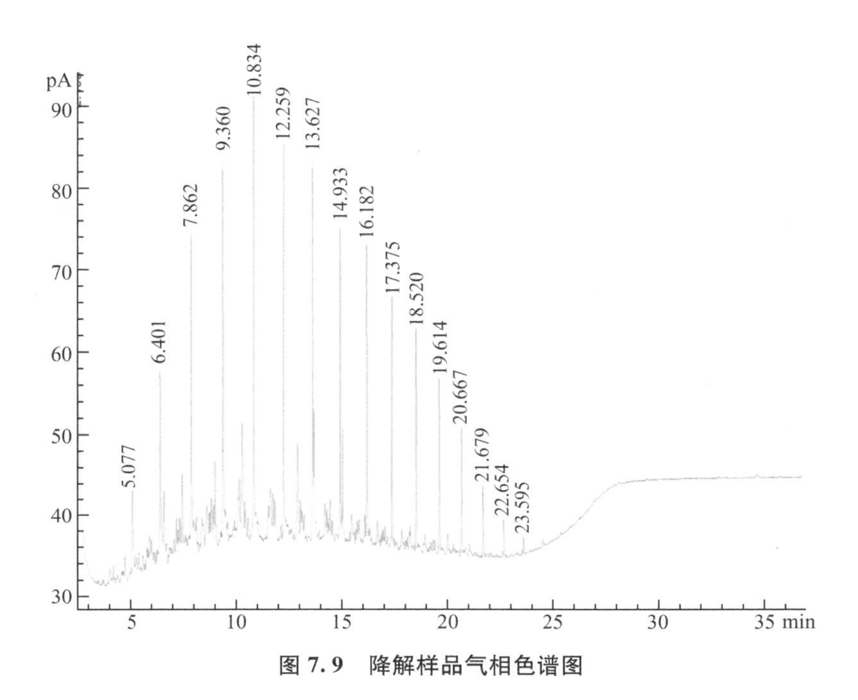

图 7.9　降解样品气相色谱图

为了研究筛选菌株对正构烷烃的降解情况，对气相色谱数据进行统计分析，见图 7.10。将初始含量同对照组空白比较发现，短链烷烃的含量变化较大，C_{10} 以下的正构烷烃在摇瓶过程中被挥发，因此在谱图中不存在了。菌株对 C_{11}-C_{26} 具有一定的降解作用，并且随着碳数的增加，降解率呈下降趋势，C_{11}-C_{13} 降解率较高，其中 C_{11} 降解率最高，为 73.8%。对 C_{14}-C_{23} 的降解率都超过了 30%，对 C_{25} 的降解率最低，也达到了 27.7%，对 C_9-C_{26} 的总降解率为 39.6%。

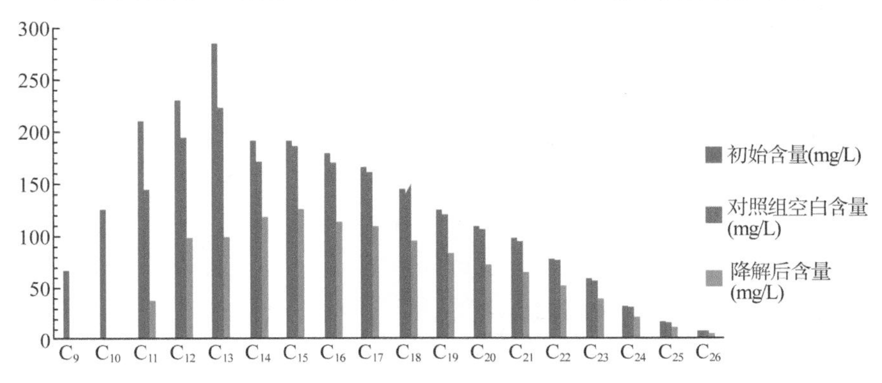

图 7.10　石油降解菌株对烷烃的降解

（5）石油烃降解率

在 22℃、120 r/min 的条件下进行为期 7 天的降解实验，测得柴油降解率为 41.2%。柴油浓度标准曲线见图 7.11。

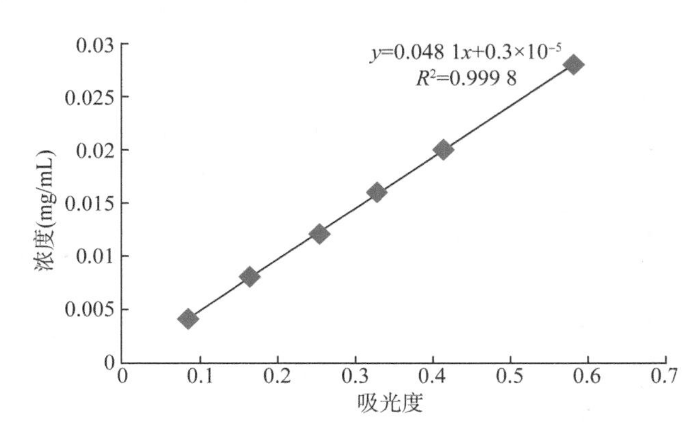

图 7.11　柴油浓度标准曲线

7.4　本章小结

普兰店湾的溺谷特性使得整治后海水交换能力与自净能力未得到根本性改善，低至 0.3 的海水交换率意味着普兰店湾海域的环境承载能力非常脆弱，近湾口处分布的松木岛和三十里堡两大港口航运区使得该海域的溢油风险必须进行重点防范，生物消油对溢油的治理相对安全可靠，微生物修复石油污染海域成为海洋溢油的研究热点。本章从普兰店湾近岸的石油污染海水中筛选出了 1 株能降解石油烃的交替假单胞菌，该菌株在 22℃、120 r/min 的条件下，对 0# 柴油 7 日降解率可达到 41.2%。该菌株对正构烷烃的降解情况：对 C_{11}-C_{26} 具有一定的降解作用，并且随着碳数的增加，降解率呈下降趋势，C_{11}-C_{13} 降解率较高，其中 C_{11} 降解率最高，为 73.8%。对 C_{14}-C_{23} 的降解率都超过了 30%，对 C_{25} 的降解率最低，也达到了 27.7%，对 C_9-C_{26} 的总降解率为 39.6%。

实验表明本次在普兰店湾筛选出来的石油烃降解菌具有一定的应用潜力，可以为该区域海洋溢油污染生物修复提供菌源，为环境脆弱的普兰店湾应对溢油环境风险提供了相对安全的处理手段。

第八章

结论与展望

8.1　结论

海湾水交换能力与自净能力是决定海湾水环境质量优劣的重要因素，在海洋环境质量评价和预测以及海域环境容量控制决策中起着重要的参考作用。普兰店湾位于金普新区的普湾新区，为东西走向的狭长海湾，是金普新区海洋经济发展的重要区域。由于湾内围海养殖堤坝密布，致使海湾生态服务功能逐渐下降。本书根据普兰店湾目前的用海状况，依托普兰店湾综合整治方案对海水交换和自净能力及污染应急对策进行研究，所得的主要结论有：

(1) 水域的水体交换能力与水体自净能力均对水质起着重要作用，但两种能力本质上是不同的。水体交换能力是由水体的流动性决定的，由连续方程及纳维斯托克斯方程控制，而水体自净能力除了与水体的流动性有关，还与水体中的物质扩散等有关，也就是由浓度对流扩散方程控制。目前的计算方法大都是基于箱式模型，根据浓度对流扩散方程而计算。本书以简单的二维定常流动为例，阐述了水体交换与自净能力的基本概念，采用涡流函数方程，具体地提出了水体交换能力与自净能力的计算方法，指出了依据浓度方程计算水体交换率的不合理之处：由浓度方程计算水体交换率是不可行的，因为在静止水域根本不会有水体交换，但只要有开边界，由于扩散的作用，域内浓度始终会向域外扩散直至域内浓度为零，按照浓度对流扩散方程计算水体交换的方法，得出有水体交换的结论是相互矛盾的。

(2) 由于流函数对实际情况中的非定常三维流动不适用，于是提出了非定常三维海域的海水交换率及自净率的计算方法，建立了实际三维运动的浅海水体交换及自净能力的计算模型，为实际应用奠定了理论基础。在数值求解水深平均的浅水方程的基础上，采用不含随机走动的粒子追踪法来计算海水交换率。而通过水深平均的浓度扩散方程计算自净率。通过一个简单的港池海域作为算例，数值计算了该港池的海水交换率、自净率随时间的变化。结果表明，本书提出的非定常三维海水交换率及自净率计算方法是合理的。

(3) 通过对普兰店湾自然环境、地理区位、社会经济和资源特征概况进行梳理，与辽宁省海洋功能区划图(2011—2020 年)的比对，并在整治前对普兰店湾海域进行了现场勘察，综合看来，普兰店湾海域开发利用程度较高，普兰店湾东侧的内湾水域密布着围海养殖池，南北宽现存仅有 300 m，湾口处的潮汐过水断面也非常窄，严重阻碍了普兰店湾的海水交换，海水自净能力也随之骤减，导致该海湾水质污染和富营养化较为严重。此外，内湾口处的簸箕岛南北分别分布着松木岛港口航运区和三十里堡港口航运区，由于频繁的港口船舶作业和潜在的油轮碰撞溢油风险，使得该区域很容易发生海洋石油污染。操作性长期输入的慢性累积和突发性事件的爆发都会给该区域的海洋环境以及沿海居民的健康带来危害，故需要对松木岛港区和三十里堡港区的溢油事故风险做好防范。

(4) 通过基于三向不可压缩和 Reynolds 值均匀分布的 Navier-Stokes 方程的模型对普兰店湾整治前的水动力环境进行数值模拟。普兰店湾呈三角形，湾口朝西南，属于正规半日潮，湾内流场呈现沿湾走向的往复流，湾口潮流主要为旋转流，葫芦岛以东海域则呈典型的往复流。在涨憩转落潮、落憩转涨潮时段内部分区域由于岸线的大幅凹凸变化使得出现短时环流，但都不算强。整个海域大、小潮期潮流运动形式基本相同，大潮潮流强度强于小潮潮流强度，且涨潮流速强于落潮流速。

(5) 采用完整的深度平均浅水方程对普兰店湾的潮流场进行数值计算，并利用实测数据进行了验证。采用粒子追踪法对普兰店湾的海水交换状况进行模拟分析，并在普兰店海域湾内外水体交换达到稳态前，记录每一个时刻的变化，对整治前普兰店湾的海水交换率与海水自净率进行计算，得出整治前海水交换率为 0.2；同时，用浓度扩散方程计算保守物质污染物的浓度变化，得出海水自净率为 0.6。总体来看，两者的整体变化趋势基本一致，但基于粒子追踪法的海水交换率要比保守物质计算出的海水自净率要低得多，震荡幅度也要大些。这主要是由于浓度属于均值变量，而粒子追踪是实时记录每个粒子的游动，数据统计是即时且明显的。至于数值的差异，也印证了之前章节的讨论，基于保守物质模型海水自净率的计算有考虑到浓度的扩散，而粒子追踪的对象是粒子本身的游动，所以忽略扩散项，这个差值是合理的。

(6) 随着普湾新区被纳入国家级新区建设，普兰店湾的环境综合整治愈发显得迫切与重要。结合普兰店湾岸线整治及清淤项目实施方案，重新界定范围对整治后普兰店湾的海水自净率和交换率再次进行了计算、对比与分析，结果表明：整治后的海水交换率与自净率分别由整治前的 0.2 与 0.6 增加到了 0.3 与 0.65。可见整治后普兰店湾的海水交换率与自净率虽有所增加，但海水交换与自净能力没有得到根本性改善，原因是普兰店湾的海湾性质为溺谷型，以簸箕岛为界的东侧海域狭长，综合整治方案实施后虽然将湾内的堤坝拆除，平整了海岸线边界，但湾口依然狭窄，使湾内的海水质点不容易被交换出去。

(7) 普兰店湾的溺谷特性使得整治后海水交换能力与自净能力未达到根本性改善，低至 0.3 的海水交换率意味着普兰店湾海域的环境承载能力非常脆弱，近湾口处分布的松木岛和三十里堡两大港口航运区使得对该海域的溢油风险必须进行重点防范，生物消油对溢油的治理相对安全可靠。本书从普兰店湾近岸海域分离出一株能降解石油烃的交替假单胞菌，该菌株在 22℃、120 r/min 的条件下，对 0# 柴油 7 日降解率可达到 41.2%，可为该区域海洋溢油污染生物修复提供菌源，为环境脆弱的普兰店湾应对最大的溢油环境风险提供了相对安全的处理手段。

8.2　展望

通过对海水交换与自净能力的研究，结合普兰店湾综合整治方案对普兰店湾的海水交换与自净能力进行计算和分析，并选择生物修复对普兰店湾的溢油风险应急对策提供技术支持，对今后的工作和进一步研究有如下展望：

(1) 本书采用的模型控制方程是沿水深平均的浅水方程，是解决实际情况中水平尺度远大于垂向尺度三维海洋问题的实用方法。普兰店湾的潮流场虽然可以用水深平均方程计算，但为了更精确地计算实际的流场，在之后的研究中，需要应用完整的三维方程。

(2) 对于在普兰店湾石油降解菌的提取研究还处于初始阶段，石油污染物的组成结构复杂，单一石油降解菌株一般只能降解石油中的部分组分。因此，为了获得更好的石油污染生物修复效果，须进行复合菌剂的研究，并对复合菌剂在自然条件下的应用进行进一步研究，为普兰店湾的应急污染对策的实施提供便利条件。

参考文献

[1] 国家海洋局. 中国海洋21世纪议程[M]. 北京:海洋出版社,1996.

[2] 国家海洋局. 2014年中国海洋经济统计公报[R].

[3] SWANNELL R P, LEE K, MCDONAGH M. Field evaluations of marine oil spill bioremediation[J]. Microbiological Reviews, 1996, 60(2):342-365.

[4] 江彦桥. 海洋船舶防污染技术[M]. 上海:上海交通大学出版社, 2000.

[5] PARKER D S, NORRIS D P, NELSON A W. Tidal exchange at Golden Gate [J]. Proc. of ASCE, 1972, 98(2): 305-323.

[6] RATIOMAKOTO K. The Concept of tidal exchange and the tidal exchange [J]. Journal of the Oceanographical Society of Japan, 1984, 40(2):135-147.

[7] 匡国瑞. 海湾水交换的研究——海水交换率的计算方法[J]. 海洋环境科学, 1986(3): 44-48.

[8] 毕远溥,刘海映,蒋双,等. 小窑湾海水交换与环境预测的初步研究[J]. 海洋环境科学, 2000(3):40-43.

[9] 宋德海,鲍献文,朱学明. 基于FVCOM的钦州湾三维潮流数值模拟[J]. 热带海洋学报,2009,28(2):7-14.

[10] BOLIN B, RODHE H. A note on the concept of age distribution and transit time in natural reservoirs[J]. Tellus, 1973, 25: 58-62.

[11] PRANDLE D, BEECHEY J. The dispersion of ^{137}Cs from sellafield and chernobyl in the N. W. European Shelf Seas [M]//KERSHAW P J , WOODHEAD D S. Radionuclides in the study of marine processes. Dordrecht: Springer, 1991.

[12] LUFF R , WALLMANN K , GRANDEL S, et al. Numerical modeling of benthic processes in the deep Arabian Sea [J]. Deep-sea Research Part Ii-topical Studies in Oceanography, 2000, 47: 3039-3072.

[13] DYER K R. Estuaries: A physical introduction[M]. London: Wiley, 1973.

[14] ZIMMERMAN J T F. Mixing and flushing of tidal embayments in the Western Dutch Wadden Sea, Part I: Distribution of salinity and calculation of mixing time scales[J]. Netherlands Journal of Sea Research, 1976, 10(2): 149-191.

[15] TAKEOKA H. Fundamental concepts of exchange and transport time scales in a

coastal sea[J]. Continental Shelf Research，1984，3(3)：311-326.

[16] 叶海桃，王义刚，曹兵. 三沙湾纳潮量及湾内外的水交换[J]. 河海大学学报（自然科学版），2007，35(1)：96-98.

[17] 栗苏文，李红艳，夏建新. 基于 Delft 3D 模型的大鹏湾水环境容量分析[J]. 环境科学研究，2005，18(5)：91-95.

[18] 李希彬，孙晓燕，牛福新，等. 半封闭海湾的水交换数值模拟研究[J]. 海洋通报，2012，31(3)：248-254.

[19] 李小宝，袁德奎，陶建华. 大型海湾水交换计算中随机游动方法的应用研究[J]. 应用数学和力学，2011，32(5)：587-598.

[20] 符文侠. 普兰店湾水文气象特征与泥沙运动的分析[J]. 黄渤海海洋，1987(1)：71-77.

[21] 张秀云，徐恒振. 普兰店湾海域功能区划治理及污染负荷总量目标监控技术的初步探讨[J]. 海洋通报，1996(2)：62-68.

[22] 韩康，吴冠，张存智. 普兰店湾潮流场数值模拟[J]. 海洋环境科学，2001(1)：42-46.

[23] 耿宝磊，高峰，王元战. 大连普湾新区海湾整治工程泥沙基本水力特性试验研究[J]. 泥沙研究，2013(2)：60-66.

[24] 陈昊，陈辅利，朱永英. 基于 MIKE21 FM 的普湾潮流场数值模拟[J]. 人民长江，2014，45(s1)：132-134.

[25] 孟雷明，李燕，尹佳，等. 大连市普兰店湾污损生物调查[J]. 现代农业科技，2012(5)：286-287+294.

[26] 何远光. 普兰店市海洋生态环境保护对策研究[J]. 现代农业科技，2014(4)：209-210.

[27] PERRY J J. Microbial cooxidations involving hydrocarbons[J]. Microbiological Reviews，1979，43(1)：59-72.

[28] 中村武弘，富樫宏由. 海水交换率による大村湾の水质污浊预测に关する研究[C] // 第 27 回海岸工学讲演论文集，1980：487-491.

[29] 潘伟然. 湄洲湾海水交换率和半更换期的计算[J]. 厦门大学学报（自然科学版），1992(1)：65-68.

[30] 王寿景. 厦门西港海水交换计算[J]. 台湾海峡，1990，9(2)：108-111.

[31] 匡国瑞，杨殿荣，喻祖祥，等. 海湾水交换的研究——乳山东湾环境容量初步探讨[J]. 海洋环境科学，1987(1)：13-23.

[32] 王宏，陈丕茂，贾晓平，等. 海水交换能力的研究进展[J]. 南方水产，2008，4(2)：75-80.

[33] DELEERSNIJDER E，CAMPIN J M，DELHEZ E J M. The concept of age in marine modelling：I. Theory and preliminary model results[J]. Journal of Marine Systems，2001，28(3)：229-267.

[34] PRITEHARD D W. Estuaries[M]. Washington D C: American Association for the Advancement of Science, 1967.

[35] OFFICER C B. Physical oceanography of estuaries (and associated coastal waters) [M]. New York: John Wiley and Sons, 1976.

[36] 万由鹏.深圳湾水动力时间参数计算及主要营养盐减排效果分析[D]. 北京:清华大学,2009.

[37] 姚炎明,朱斌,李佳. 钱塘江河口水体冲洗时间的计算[J]. 浙江大学学报(理学版), 2012, 39(6):711-716.

[38] MILLER R L, MCPHERSON B F. Estimating estuarine flushing and residence times in Charlotte Harbor, Florida. via salt balance and a box model[J]. Limnology and Oceanograghy, 1991, 36(3): 602-612.

[39] SHELDON J E, ALBER M. A comparison of residence time calculations using simple compartment models of the Altamaha River estuary, Georgia[J]. Estuaries, 2002, 25: 1304-1317.

[40] SOETAERT K, HERMAN P M J. Estimating estuarine residence times in the Westerschelde (The Netherlands) using a box model with fixed dispersion coefficients [J]. Hydrobiologia, 1995, 311(1-3): 215-224.

[41] PRANDLE D. A modelling study of the mixing of ^{137}Cs in the seas of the European Continental Shelf[J]. Philosophical Transactions of the Royal Society of London. Series A, Mathematical and Physical Sciences, 1984, 310: 407-436.

[42] LUFF R, POHLMANN T. Calculation of water exchange times in the ICES-boxes with a Eulerian dispersion model using a half-life time approach[J]. Deutsche Hydrographische Zeitschrift, 1995, 47(4): 287-299.

[43] 何磊. 海湾水交换数值模拟方法研究[D]. 天津:天津大学, 2004.

[44] SHEN J, HAAS L. Calculating age and residence time in the tidal York River using three-dimensional model experiments[J]. Estuarine, Coastal and Shelf Science, 2004, 61(3): 449-461.

[45] AREGA F, ARMSTRONG S, BADR A W. Modeling of residence time in the East Scott Creek Estuary, South Carolina, USA[J]. Journal of Hydro-environment Research, 2008, 2(2): 99-108.

[46] 许苏清,潘伟然,张国荣,等. 浔江湾海水交换时间的计算[J]. 厦门大学学报(自然科学版), 2003, 42(5): 629-632.

[47] DELHEZ É J M, DELEERSNIJDER E. The concept of age in marine modelling: II. Concentration distribution function in the English Channel and the North Sea[J]. Journal of Marine Systems, 2002, 31(4): 279-297.

[48] 魏皓,田恬,周锋,等. 渤海水交换的数值研究——水质模型对半交换时间的模拟[J].

青岛海洋大学学报，2002，32(4)：519-525.
[49] 石明珠，张学庆，王鹏程，等. 大辽河感潮河段水体交换的数值研究[J]. 海洋环境科学，2012，31(5)：631-634.
[50] 吕迎雪. 海湾水交换数值模拟方法的研究及其应用[D]. 天津：天津大学，2009.
[51] 高抒，谢钦春. 狭长形海湾与外海水体交换的一个物理模型[J]. 海洋通报，1991，10(3)：1-9.
[52] 胡建宇. 罗源湾海水与外海水的交换研究[J]. 海洋环境科学，1998，17(3)：51-54.
[53] 董礼先，苏纪兰. 象山港盐度分布和水体混合[J]. 海洋与湖沼，2000，31(3)：322-326.
[54] 王丽娜，潘伟然，骆智斌，等. 基于随机游动模型的铁山港水交换的数值模拟[J]. 厦门大学学报(自然科学版)，2014，53(6)：840-847.
[55] 刘博. 基于随机游动方法的近海环境数值模拟[D]. 天津：天津大学，2012.
[56] 中国海湾志编纂委员会. 中国海湾志·第四分册·山东半岛南部和江苏省海湾[M]. 北京：海洋出版社，1993.
[57] 陈红霞，华锋，刘娜，等. 不同方式的纳潮量计算比较——以胶州湾2006年秋季小潮为例[J]. 海洋科学进展，2009，27(1)：11-15.
[58] 李善为. 从海湾沉积物特征看胶州湾的形成演变[J]. 海洋学报，1983，5(3)：328-339.
[59] 熊学军，胡筱敏，王冠琳，等. 半封闭海湾纳潮量的一种直接观测方法[J]. 海洋技术，2007，26(4)：17-19.
[60] 陈红霞，华峰，刘娜，等. 不同方式的纳潮量计算比较——以胶州湾2006年秋季小潮为例[J]. 海洋科学进展，2009，27(1)：11-15.
[61] 刘明，席小慧，雷利元，等. 锦州湾围填海工程对海湾水交换能力的影响[J]. 大连海洋大学学报，2013，28(1)：110-114.
[62] 杜伊，周良明，郭佩芳，等. 罗源湾海水交换的三维数值模拟[J]. 海洋湖沼通报，2007，7(1)：7-13.
[63] 蒋磊明，陈波，邱绍芳，等. 钦州湾潮流模拟及其纳潮量和水交换周期计算[J]. 广西科学，2009，16(2)：193-195+199.
[64] 韩卫东，张玮，陈祯，等. 环抱式港池水体交换效果影响因素研究[J]. 科学技术与工程，2015，15(9)：258-265.
[65] 黄少彬，李开明，姜国强，等. 基于MIKE3模型的珠江口水体交换研究[J]. 环境科学与管理，2013，38(8)：134-140.
[66] 邵军荣，吴时强，周杰，等. 水体交换年龄模型研究[J]. 水科学进展，2014，25(5)：695-703.
[67] 中国海湾志编纂委员会. 中国海湾志·第二分册·辽东半岛西部和辽宁省西部海湾[M]. 北京：海洋出版社，1997.

[68] 侯万浩，马青，韩凤，等. 全域城市化背景下大连普湾新区产业发展战略研究[J]. 现代经济信息，2012(20)：215-216.
[69] 国家海洋局. 2014 年中国海洋环境状况公报[R].
[70] 吴昊天，杨郑鑫. 从国家级新区战略看国家战略空间演进[J]. 城市发展研究，2015，22(3)：1-10+38.
[71] 国家发展改革委. 国家发展改革委关于印发大连金普新区总体方案的通知[Z]. 2014.
[72] 辽宁省人民政府. 辽宁省海洋功能区划(2011—2020 年)[Z]. 2012.
[73] WARREN I R，BACH H K. MIKE 21：a modelling system for estuaries，coastal waters and seas[J]. Environmental Software，1992，7(4)：229-240.
[74] ROE P L. Approximate Riemann solvers，parameter vectors，and difference schemes [J]. Journal of Computational Physics，1981，43(2)：357-372.
[75] JAWAHAR P，KAMATH H. A high-resolution procedure for Euler and Navier - Stokes computations on unstructured grids[J]. Journal of Computational Physics，2000，164(1)：165-203.
[76] DARWISH M S，MOUKALLED F. TVD schemes for unstructured grids[J]. International Journal of heat and mass transfer，2003，46(4)：599-611.
[77] ZHAO D H，SHEN H W，TABIOS III G Q，et al. Finite-volume two-dimensional unsteady-flow model for river basins[J]. Journal of Hydraulic Engineering，1994，120(7)：863-883.
[78] SLEIGH P A，GASKELL P H，BERZINS M，et al. An unstructured finite-volume algorithm for predicting flow in rivers and estuaries[J]. Computers & Fluids，1998，27(4)：479-508.
[79] 邵秘华，张海云. 普兰店湾水中化学要素分布及环境现状初步研究[J]. 海洋环境科学，1991(3)：27-32.
[80] 于剑，阎超. Navier-Stokes 方程间断 Galerkin 有限元方法研究[J]. 力学学报，2010，42 (5)：962-970.
[81] 国家发展改革委. 大连金普新区总体方案[Z]. 2014.
[82] HASSLER B. Accidental versus operational oil spills from shipping in the Baltic Sea：risk governance and management strategies[J]. Ambio，2011，40(2)：170-178.
[83] HEAD I M，JONES D M，RöLING W F. Marine microorganisms make a meal of oil [J]. Nature Reviews Microbiology，2006，4(3)：173-82.
[84] HARAYAMA S，KASAI Y K，KISHIRA H. Petroleum biodegradation in marine environments[J]. Journal of Molecular Microbiology & Biotechnology，1999，1(1)：63-70.
[85] 尹建国. 结合国内外现状谈海洋石油污染防治技术及其应用[J]. 资源节约与环保，2013(6)：53-53.

[86] 郑启波. 海上船舶溢油事故治理体系研究——以天津海上溢油治理模式为例[D]. 天津:天津财经大学,2017.

[87] DAVE D, GHALY A E. Remediation technologies for marine oil spills: A critical review and comparative analysis[J]. American Journal of Environmental Sciences, 2011, 7(5): 424-440.

[88] DEWLING R T, MCCARTHY L T. Chemical treatment of oil spills[J]. Environment International, 1980, 3(2):155-162.

[89] 王楷铭. 硅藻对海上溢油分散及海洋油雪形成的影响研究[D]. 大连:大连海事大学, 2023.

[90] PRINCE R C, ATLAS R M. Bioremediation of marine oil spills[M]// STEFFAN R. Consequences of microbial interactions with hydrocarbons, oils, and lipids: Biodegradation and bioremediation. Handbook of Hydrocarbon & Lipid Microbiology. Springer, Cham, 1997.

[91] LEE K, MERLIN F X. Bioremediation of oil on shoreline environments: Development of techniques and guidelines[J]. Pure and Applied Chemistry, 1999, 71(1):161-171.

[92] WILSON N G, BRADLEY G. A study of a bacterial immobilization substratum for use in the bioremediation of crude oil in asaltwater system[J]. Journal of Applied Microbiology, 1997, 83(4):524-530.

[93] 夏文香,郑西来,李金成,等. 海滩石油污染的生物修复[J]. 海洋环境科学, 2003, 22(3): 74-79.

[94] 张珍明,林昌虎,何腾兵,等.浅析石油污染土壤的微生物修复研究现状[J]. 贵州科学, 2010, 28(3): 76-81.

[95] WIEBE W J, CHAPMAN G B. Variation in the fine structure of a marine achromobacter and a marine pseudomonad grown under selected nutritional and temperature regimes[J]. Journal of Bacteriology, 1968, 95(5): 1874-1886.

[96] GAUTHIER G, GAUTHIER M, CHRISTEN R. Phylogenetic analysis of the genera Alteromonas, Shewanella, and Moritella using genes coding for small-subunit rRNA sequences and division of the genus Alteromonas into two genera, Alteromonas (emended) and Pseudoalteromonas gen. nov., and proposal of twelve new species combinations[J]. International Journal of Systematic Bacteriology, 1995, 45(4): 755-761.

[97] MCCAMMON S A, BOWMAN J P. Diversity and association of psychrophilic bacteria [J]. Applied & Environmental Microbiology, 1997, 63: 3068-3078.

[98] 李丹,陈丽,李富超,等. 一株产低温碱性蛋白酶海洋细菌 Pseudoalteromonas flavipulchra HH407 的筛选与生长特性[J]. 食品与生物技术学报, 2007, 26(6): 74-80.

[99] 李江. 南极适冷菌 Pseudoalteromonas sp. S-15-13 胞外多糖的研究[D]. 青岛:中国海洋大学,2006.

[100] ISNANSETYO A, KAMEI Y. Anti-methicillin-resistant Staphylococcus aureus (MRSA) activity of MC21-B, an antibacterial compound produced by the marine bacterium Pseudoalteromonas phenolica O-BC30T [J]. International Journal of Antimicrobial Agents, 2009, 34(2):131-135.

[101] FRANKS A, HAYWOOD P, HOLMSTRöM C, et al. Isolation and structure elucidation of a novel yellow pigment from the marine bacterium Pseudoalteromonas tunicata[J]. Molecules, 2005, 10(10):1286-1291.

[102] MORITA R Y. Psychrophilic bacteria[J]. Bacteriological Reviews, 1975, 39(2): 144-167.